中国主要作物绿色高效施肥技术丛书

U0687465

北方生姜
绿色高效施肥技术

江丽华 杨 岩 李乐正 ◎主编

中国农业出版社
北 京

丛书编委会

主　编　叶优良　张福锁　刘兴旭

副主编　张庆金　任荣魁　刘锐杰

编　委（以姓氏笔画为序）

马文奇　马延东　王　敏

王宜伦　石孝均　刘学军

刘艳梅　孙志梅　汪　洋

张　影　张丹丹　张书红

张跃强　陈永亮　岳艳军

赵亚南　姜远茂　秦永林

郭世伟　郭家萌　郭景丽

梁　帅　梁元振　葛顺峰

董向阳　樊明寿

本书编委会

主　编　江丽华　杨　岩　李乐正

副主编　徐　钰　石　璟　张书红

参　编　李　妮　王　梅　刘玉敏

　　　　李凯畅　马建坡　李文谦

　　　　王江南　刘婷婷　赵保忠

前 言

2021年我国生姜种植面积达到36.9万公顷，约占世界生姜种植面积的28%，产量约为1 219万吨，稳居世界第一位，单产水平也排名世界第一。生姜是一种日常生活中必不可少的重要调料，集营养、调味、保健于一身，自古被医学家视为药食同源的保健品，也是我国主要创汇蔬菜之一。生姜制品在国际市场越来越受欢迎，尤其在东南亚地区和日本等国家，不仅提升了生姜种植户的收入，而且每年可为国家带来大量外汇收入，成为推动农民致富的一个重要产业。

生姜产量高、生物量大，亩均产量在5 000千克左右，正常年份产值在万元以上，是种植效益较好的蔬菜种类之一。由于种植习惯、技术限制和市场价格等原因，生姜生产中往往肥料投入量大，用肥种类不合理。由于缺乏专用的肥料产品和科学的施肥指导，肥料养分比例不科学，大、中、微量元素缺乏，有机、无机养分失调，土壤质量退化，生姜病虫害多发等问题不断加重，导致生姜产量下降、品质变差、效益降低。合理施肥是生姜产业健康发展的重要支撑。由于生姜品种和生产条件的多样性，科学施肥的技术支撑一直比较薄弱，同期有关生姜施肥的研究与生姜产业发展的需求不匹配。国内外市场对生姜的质量要求不断提高，而部分生姜种植户为追求高产而过量施肥，导致品质下降、耕地退化和环境污染，这一矛盾日益突出，引起了社会各界的广泛关注，生姜种植户对绿色高效施肥技术的期盼也日益强烈。

2017年以来，结合国家重点研发计划等项目，农业科研单位和推广系统进行了大量的生姜施肥调查、检测分析和试验示范，取得了丰硕的技术成果。为加速成果转化，提升生姜绿色高效施肥水平，促进生姜生产的提质增效，我们组织了来自科教、推广和肥料生产企业等领域的专家，对北方地区的生姜绿色施肥技术成果、生姜专用肥料产品、生姜套餐产品及绿色高效的施肥技术模式等方面进行了梳理，希望能在生产实践和产品研发中为北方生姜种植户和肥料企业提供帮助。

本书从理论和实践上对北方生姜绿色高效施肥技术进行了系统阐述，内容包含了由中国农业大学、河南农业大学和河南心连心化肥有限公司联合成立的氮肥高效利用创新中心所支持的"生姜氮素高效利用技术与应用"课题的部分研究成果，对生姜的营养特点、土壤培肥、土壤退化与治理、生姜对主要营养元素的积累与吸收，以及施肥原理与建议等，进行了针对性阐述，为生姜的可持续性生产提供了理论依据。另外，对近期研究的施肥技术模式，也进行了专章阐述。该书基本反映了目前我国北方生姜生产中施肥存在的问题，汇集了生姜种植施肥的新技术和新方法，对实现生姜优质、高产、高效施肥具有较强的参考价值。

本书由长期从事生姜施肥相关科研、教学和推广工作的专业人员编写，注重理论与实践、创新与实用的有机结合，旨在为广大农技推广人员和生姜种植户提供指导和帮助。愿该书的出版能为我国生姜产业的可持续发展和健康进步做出有益的贡献。本书介绍的相关内容主要以山东地区为研究对象，其他地区可参考借鉴。由于各地气候、土壤、生姜品种等方面存在差异，读者在实践过程中应结合当地实际情况作出相应调整。

本书在编写过程中引用和参考了许多相关资料，在此对所有被引用资料的原作者表示衷心的感谢。由于水平所限，书中不妥之处难免，敬请广大读者批评指正。

编　者

2024年6月

目　录

PART 01 「**第一章**」
生姜产业状况

第一节 我国生姜种植分布情况及主要品种

一、生姜栽培简史及分布情况

姜属于姜科姜属多年生宿根植物，原产于中国及东南亚热带、亚热带地区。种植区域分布在西非的尼日利亚、加纳、科特迪瓦和塞拉利昂，南亚的印度、孟加拉国，东亚的中国，东南亚的缅甸、泰国、印度尼西亚、马来西亚和菲律宾，北美洲的古巴、墨西哥、多米尼加和尼加拉瓜，南美洲的秘鲁、巴西、厄瓜多尔、哥伦比亚和圭亚那等区域；主要生产国为中国、尼日利亚、印度、印度尼西亚、泰国、孟加拉国、巴西等，栽培面积及产量合计占世界总量的90%以上（徐坤，2021）。中国自古栽培姜，战国时代就已经开始用姜作为陪葬品。据《史记》记载，西汉时姜在中国就已经成为一种重要的经济作物，明代开始向北方扩大栽培，清代北方已经普遍栽培。国内生姜种植范围广，除东北和西北等寒冷地区外，其他大部分地区都有种植。

二、我国生姜主要品种

按生物学特性进行分类，生姜可分为疏苗型和密苗型两类。疏苗型植株高大，生长势强，一般株高80～90厘米，生长旺盛的植株可达1米以上。叶片大而厚，叶色深绿，茎秆粗壮，分枝较少，通常每株可生8～12个分枝，多者可达15个以上，排列较为

1

稀疏。根茎块大，外形美观，姜球肥大，姜球数较少，多呈单层排列。该类型丰产性较好，产量高，商品性好。代表品种有广州疏轮大肉姜、山东莱芜生姜等。密苗型植株高度中等，一般株高65 ~ 80厘米，生长旺盛的植株可达90厘米以上。生长势较强，叶色翠绿，叶片稍薄。分枝性强，通常每株可生10 ~ 15个分枝，多者可达20个以上。根茎、姜球数量较多，姜球较小，多呈双层或多层排列。该类型产量高，品质好。代表品种有山东莱芜片姜、广州密轮细肉姜、浙江临平红爪姜等。

按生姜根茎的用途，可分为食用、药用型，食用、加工型，以及观赏型3种类型。食用、药用型，即食药兼用型，我国栽培的生姜多数都是这种类型。其中，多数品种又以食用为主，兼有药用效果，如山东莱芜生姜、山东莱芜片姜、城固黄姜、河南张良姜、福建红芽姜等；也有少数品种以药用为主，比如湖南黄心姜、湖南鸡爪姜等。食用、加工型生姜一般以嫩姜鲜食、老姜作调料，除了供应鲜食外，还可加工制成多种食品，其中以腌渍、酱渍和糖渍品较多。作为加工原料，要求根茎纤维含量较少，含水量较高，质脆而肉质细嫩，颜色较淡，辛香味浓，辣味淡而不烈。该类品种有广州肉姜、浙江红爪姜、铜陵白姜、兴国生姜、福建竹姜、遵义大白姜等。观赏型生姜主要以其叶片上的斑纹、花朵的颜色和形态、花的芳香及整个植株的优美姿态供人观赏。主要品种有莱舍姜（别名纹叶姜）、花姜（别名球姜或姜花）、斑叶茗姜、壮姜、恒春姜、河口姜等。观赏型生姜品种主要分布在我国台湾及东南亚一些地区。

中国生姜资源丰富，地方品种很多。各品种均具有较强的适应性、良好的丰产性、优良的品质和独特的价值。中国生姜栽培区域可分为华北（黄淮海）、华中、华南和西南4个主要种植区（徐坤，2021），按照生姜主要栽培区域介绍我国生姜主要品种如下。

1. 黄淮海生姜主栽品种

（1）莱芜生姜　山东莱芜地方优良品种，山东省著名特产，我国北方主栽品种之一，属疏苗型品种，分枝少，每株分枝10个左右，植株高90厘米左右，单株重约800克，一般亩[*]产3 000千克，高产可达4 000 ～ 6 000千克，姜球肥大，贮藏后呈土黄色，辛香味浓，纤维少，适应性广，抗病性强。

（2）莱芜小姜　又名莱芜片姜，山东莱芜地方优良品种，山东省著名特产，属密苗型品种，分枝性强，每株分枝15个左右，生长势强，一般株高80 ～ 90厘米，单株重500克左右，根茎肉质细嫩，辛香味浓，纤维少，含水量低，耐贮运。

（3）山农一号　山东农业大学选育的优良品种，属疏苗型品种，植株高大粗壮，生长势强，一般株高80 ～ 90厘米，分枝少，单株重1 000克左右，一般亩产量5 000千克以上。

（4）安丘生姜　安丘生姜以其皮色黄亮、果型端正、结构紧密、姜味浓郁而闻名，除含有大量碳水化合物、蛋白质、多种维生素及矿物质外，还含有大量姜辣素、姜油酮、姜烯酚和姜醇等，具有很高的食用价值和药用价值。

（5）金昌生姜　1996年昌邑市德杰大姜研究所从昌邑传统主栽品种中发现的突变种，2005年11月鉴定。该品种属疏苗型品种，长势旺盛，株高80 ～ 100厘米，分枝8 ～ 13个，单株重800 ～ 1 200克。姜块肥大，颜色鲜黄，姜汁含量多，纤维少，适应性广。

（6）缅姜　疏苗型品种，生长势强，茎秆粗壮，分枝8 ～ 13个；产量高，姜块肥大，姜汁含量高，纤维少，颜色鲜黄。姜球"品"字形分布，适应性广，耐肥水，喜沙壤土。

（7）平顶四号　高产品种，喜湿润而不耐干旱，根系较浅，吸收水分能力较弱，难以利用土壤深层的水分。因此，生长期间要及时浇水，始终保持地面湿润。植株茎秆粗壮，生长势强，一般株高85 ～ 100厘米。叶片大而肥厚，叶色浓绿，高产、稳产性能好，抗逆性好，重者可达3.8千克以上。一般地块亩产6 000 ～ 8 000千克，适于保鲜加工出口。该品种不耐霜冻，一般在气温降至11 ～ 15℃、初霜到来时要及时收获。

---

　　*　亩为非法定计量单位，1亩＝1/15公顷。——编者注

（8）河南怀姜　主要分布在河南省博爱县北部的部分乡镇。姜块大，丝细，品质佳，产量高，味道美，香辣宜口，百煮不烂，抗逆力强，含水量少，易加工贮藏。

2.华中生姜主栽品种

（1）常宁无渣生姜　湖南常宁市地方品种，国家地理标志产品，上等调味品，可入药。有2 100年栽培历史，亩产1 200～1 500千克，姜块肥大，姜瓣粗壮，肉质脆、细嫩，姜味柔和。1984年被列为湖南名优产品，并被编入《中国名优土特产词典》。

（2）隆回虎爪姜　湖南隆回县地方品种，药食兼用。植株生长势强，姜块肥大，表皮淡黄色，芽红色，肉质细密，纤维少，辛辣味强，香味清纯，含水量适中，耐贮运。单株重400～600克，亩产量1 500～1 800千克。

（3）双牌虎爪姜　湖南双牌县地方品种，植株生长势强，姜块肥大，表皮淡黄色，芽带红色，肉质细密，纤维少，辛辣味强，含水量适中，耐贮运。单株重500～1 000克，亩产量2 000～4 000千克。

（4）湘西小黄姜　湘西地方品种，植株较矮，叶披针形、绿色。姜块黄白色，嫩芽处鳞片为紫红色，姜球表面光滑，肉质脆嫩，纤维少，辛辣味较浓，香味清纯，可加工成蜜饯。亩产量1 500～4 000千克。

（5）通道生姜　湖南通道地方品种。以块大、纤维少、脆嫩和辛辣适度等特点畅销省内外，是制作糖姜、五味姜、姜汁饮料及入药的上等原料。侗乡群众用它制成的剁辣子姜是宴席上一道极受欢迎的开胃菜。

（6）茶陵生姜　湖南株洲市茶陵县地方品种，是"茶陵三宝"之一。姜的栽培始于汉前，明代最盛。姜块大、芽壮、气香味醇。

（7）洪江托口生姜　湖南怀化洪江市托口镇地方品种，国家地理标志产品，已有100多年栽培历史。嫩姜细嫩修长，色泽美观，姜肉脆嫩化渣、香辣适中。

（8）江永香姜　湖南永州市江永县地方品种，于2008年获农业部农产品地理标志登记保护，已有近千年栽培历史。嫩姜细嫩修长，色泽美观，姜肉脆嫩化渣、香辣适中，嫩芽和茎节部鳞片呈紫红色；单株重750～2 000克。

（9）来凤生姜 又名凤头姜，湖北省来凤县地方品种，国家地理标志产品，已有500多年的栽培历史。姜柄如指，尖端鲜红，略带紫色，块茎白，品质优良，风味独特。鲜子姜无筋脆嫩、辛辣适中、美味可口；老姜皮薄色鲜、富硒多汁、纤维化程度低、营养丰富、风味醇美。亩产嫩姜1 500～2 000千克，老姜2 500千克。

（10）铜陵白姜 安徽省铜陵市最具特色的地方农产品，已有2 000多年栽培历史。姜块肥厚，姜指饱满，呈佛手状。皮薄色白（微黄），汁多渣少，肉质脆嫩，香味浓郁，享有"中华白姜"之美誉。

（11）兴国九山生姜 江西地方品种，原产于兴国县留龙乡九山村。株高70～90厘米，分枝较多，茎秆基部带紫色、有特殊香味，全株有叶18～29片，叶披针形、绿色，表面蜡质。根茎肥大，单株重0.4～1.1千克，姜球呈双行排列，皮浅黄色，肉黄白色，嫩芽淡紫红色，粗壮无筋，纤维少，肉质肥嫩，辛辣味中等，品质优，耐贮运，故有"甜香辛辣九山姜，赛过远近十八乡，嫩如冬笋甜似藕，一家炒菜满村香"之美誉。

3. 华南生姜主栽品种

华南地区由于受气候条件影响，种质资源较为丰富，生产上以收获老姜为目的种植的品种大多为地方特色品种，并形成具有地方特色的"地理标志保护产品"。以收获嫩姜为目的栽培的品种则引进品种和地方品种兼有。

（1）福安竹姜 福安地方品种，根茎肥厚适中，单层排列，呈不规则掌状，嫩姜表皮及姜肉为淡黄色，鳞片呈紫红色，单株根茎重400克左右，肉质脆嫩，纤维少，辛辣味适中，一般亩产1 500～2 000千克，主要用于做嫩姜栽培。

（2）大田金姜 福建大田县地方品种，中晚熟，全生育期215天左右。株高90～110厘米。分枝较多，单株分枝9～13个。主茎叶片数30片左右，叶片披针形，叶长25～28厘米，叶宽2～2.5厘米。地上茎粗1.2厘米左右。姜块肥大，单层排列，呈扇形，表皮光滑，色泽金黄；肉质脆、纤维少、辛辣味浓、耐贮藏；种芽粉红色，单株根茎重0.75～0.85千克，亩产2 000千克左右，主要用于做老姜栽培。

（3）福建红芽姜　福建地方品种，叶披针形，具叶鞘，绿色，叶互生，排列两行。根茎皮淡黄色，肉质蜡黄色，芽淡红色，鳞片亦为淡红色，根茎纤维少，质地嫩，风味良好，根茎重500克左右，一般亩产1 500～2 000千克，主要用于做老姜栽培。

（4）长汀小黄姜　长汀地方品种，种植面积1 000公顷左右，亩产量1 500～2 000千克，单株重500～750克，每亩种植4 000～5 000株，特点是姜黄素含量高，辣味重，香气浓，主要用于做老姜栽培。

（5）玉林圆肉姜　广西地方品种。植株较矮，一般株高50～60厘米，分枝较多，茎粗约1厘米，叶青绿色，根茎皮淡黄色，肉黄白色，芽紫红色，肉质细嫩，辛香味浓，辣味较淡，品质佳，较早熟，不耐湿，较抗旱。抗病能力较强，耐贮运。单株重一般500～800克，最重可达2千克。

（6）广西西林火姜　又名细肉姜，株高50～80厘米，分枝较多，姜球较小，个体匀称，呈双层排列，根茎皮、肉皆为淡黄色，嫩芽紫红色，肉质致密，辛辣味浓，一般亩产2 000～2 500千克。

（7）疏轮大肉姜　又名广州肉姜，广东省地方品种，根茎肥大，皮淡黄色而较细，肉黄白色，嫩芽为粉红色，姜球呈单层排列，纤维较少，质地细嫩，品质优良，产量较高，但抗病性稍差。一般单株根茎重1 000～2 000克，亩产3 000千克左右。

（8）连山大肉姜　广东省清远市连山壮族瑶族自治县特产，国家地理标志产品。连山大肉姜具有姜块肥大、皮薄肉厚、色泽金黄、纤维少、肉质脆嫩、辣味适中、略带香味等特点，味道独特，营养丰富，无论是单独食用还是配制佳肴，都色香味俱全，属"姜中上品"。

（9）石塘生姜　广西地方品种，表皮光滑洁白，芽带淡粉色，肉为水白色，细长条，状似白嫩的"纤纤玉指"，皮薄肉厚，汁多渣少。姜香浓郁悠长、口感鲜嫩、脆爽，有淡淡的辛甜、辛辣味。

（10）大铭生姜　福建省泉州市特产，国家地理标志产品。块茎扁平，肉色鲜黄，丝少肉细，芳香辛辣，姜味浓郁。

4.西南生姜主栽品种

（1）四川竹根姜　四川省地方品种，主要分布在川东一带。一般单株根茎重250～500克，株高在70厘米左右，叶色绿，根茎为不规则掌状。嫩姜表皮鳞芽紫红色，老姜表皮浅黄色，肉质细嫩，纤维少，品质佳。

（2）犍为麻柳姜　属药食兼用的地方优良品种，因其姜茎细长，形似手指，分枝较多，像密密麻麻的柳条一般而被当地人命名为"麻柳姜"。一般单株长20厘米以上，鲜重0.5千克以上。节间较长，分枝多，鳞片浅紫红色，肉质细嫩，纤维少，辛辣味较淡，适口，商品性好。

（3）罗平小黄姜　2019年11月15日入选中国农业品牌目录。罗平小黄姜质细纤小，辣味充足，含油量高，色泽鲜美，芳香浓郁，风味独特，深受消费者青睐。以鲜姜为原料加工制成的干姜、泡姜及其腌制品风味独特，特别是干姜块（片）具有饱满、干爽多粉、易运输保存等优点，是进一步精深加工的重要原料。

（4）镇宁小黄姜　贵州镇宁小黄姜栽培历史悠久，以其辣味浓香、品质优异而知名。2020年1月21日获得国家农产品地理标志登记保护。

第二节　生姜产量、品质情况

一、生姜的产量

据联合国粮食及农业组织（FAO）估测，近年来世界生姜年总产量约2 000万吨，中国、印度、尼日利亚、泰国等是生姜主要生产国，其种植面积及总产量合计占世界总量的90%以上。我国生姜种植生产规模增长较快，近十年间增长了70%。2021年生姜种植面积达到36.9万公顷，约占世界种植面积的28%，产量约为1 219万吨，稳居世界第1位，单产水平也排名世界第一。

由于地方品种差异性，中国各地区生姜生产水平差异较大。由统计数据分析可知，生姜种植面积在全国位居前五位的省份分别是山东、四川、广西、福建、湖南，而生姜总产量排名前五位的省份分别是山东、广西、四川、湖南、福建，各省份之间生姜单产有明显差异，山东和河北单产最高，远高于平均水平，主要原因是这两个省种植的多为莱芜生姜、青州绵姜等单产高的生姜品种，这种生姜姜球肥大，节少而稀，外形美观，纤维少，辣味适中，常用于出口。山东是全国最主要的生姜产地，种植面积占全国种植面积的30.9%，而产量则占全国生姜产量的51.41%，同时山东也是中国最主要的生姜出口省份。

二、生姜的品质

生姜中含200多种化合物，其中干物质含量占8.0%～16.6%，淀粉含量占4.2%～8.9%，脂肪含量占5.5%～6.0%，蛋白质含量占9.0%～10.0%，膳食纤维含量占17%～18%，灰分含量占6.0%～6.5%。另外，干姜中还含有1.0%～2.5%的挥发性精油、2%～3%的姜辣素。构成生姜辛辣成分的物质主要是姜辣素中的姜烯酮、姜酚等，构成生姜芳香成分的物质主要是挥发性油中的姜烯酚、姜醛、姜醇、樟烯等几十种芳香物质，具有杀菌、抗炎、降血脂、抗氧化等保健功效。表1-1为我国几种生姜的主要营养成分。

表1-1 我国几种生姜的营养成分

生姜品种	干物质（%）	可溶性糖（%）	淀粉（%）	纤维素（%）	蛋白质（%）	维生素C（%）	挥发性油（%）
山东莱芜片姜	14.8	4.76	8.88	3.80	9.68	13.34	0.25
广东大肉姜	8.0	4.65	4.16	0.82		9.81	0.19

（续）

生姜品种	干物质（%）	可溶性糖（%）	淀粉（%）	纤维素（%）	蛋白质（%）	维生素C（%）	挥发性油（%）
山东枣庄生姜	16.6	2.55	8.00	5.95		15.74	0.22
湖南宁远生姜	13.2	5.34	6.84	5.23	7.98		0.20
广西藤县生姜	15.5	2.02	5.28	5.27	10.00		0.23

1.姜油

姜油是从生姜中提取的香精油，由挥发性油和非挥发性油组成，含多种化学成分，按化合物的类型可分为单萜烯类、单萜含氧类、倍半萜烯类和倍半萜含氧类。姜精油与姜油树脂是目前生姜主要的两种深加工产品，统称为姜油，属植物油脂，二者均是从生姜中提取出来的微量、高价的浓缩物质，是姜调味的主要成分，也是医药、食品、化妆品等产品的重要原料。姜油树脂是通过有机溶剂提取生姜得到的油分，是黄色油状液体，味辣而苦，主要成分为姜烯酮、姜酮、姜萜酮等混合物，除作调味料外，还可用于开发天然抗氧化剂、抗菌剂及医疗保健品。近年国内外不断探索生姜挥发性油和姜辣素的提取新技术，使其能够最大限度地保留生姜原有的功能活性，研制出含有生姜或其提取物的新产品，如戒烟药、防晕药、脱毛剂、抗肿瘤剂等，并拓展临床应用范围。

姜精油是一种黄色透明油状液体，具有浓郁的生姜特征性芳香气味，常从生姜根茎中经水蒸气蒸馏提取获得，几乎不含高沸点组分。姜精油难溶于水，易溶于乙醇等有机溶剂，折射率 $1.488 \sim 1.494$，旋光度 $-45° \sim -28°$，密度 $0.871 \sim 0.882$ 克/毫升，主要应用于食品及饮料的加香、调味，同时也是国内外市场上价格不菲的香精原料和药用原料。姜精油的提取方法包括压榨法、溶剂萃取法、水蒸气蒸馏法等传统方法，以及超临界 CO_2 萃取、微波辅助萃取、超声复合酶法等现代工艺。

有学者采用气相色谱－质谱联用技术（GC-MS）测定姜精油中的香气成分，鉴定出52种化合物，包括烯类24种、醇类16种、酸类5种、酮类3种、醛类2种、酯类1种、芳香类化合物1种。试验证明姜精油具有较好的抗氧化性，较高的2, 2-二苯基-1-苦基肼（DPPH）自由基及2-2′-联氨-双（3-乙基苯并噻唑啉6-磺酸）二胺盐（ABTS）自由基清除能力，姜精油对革兰氏阳性菌、革兰氏阴性菌、真菌和酵母菌有抑制作用。

2. 姜辣素

姜辣素是新鲜姜中具有多种功效的主要辛辣味化合物，由姜酚及其转化产物姜烯酮、姜酮、姜烯酚、姜二酮、姜二醇、脱氢姜二烯等辣素化合物组成的混合物，其化学组分中均含3-甲氧基-4-羟基苯基官能团，根据该官能团与烃链的不同连接方式，可将姜辣素分为姜酚、姜烯酚、副姜油酮、姜酮、姜二酮等类型，主要包括6-姜醇、8-姜醇、10-姜醇、6-姜烯酚、8-姜烯酚、10-姜烯酚和6-姜二酮7种辛辣物质。常用提取方法有溶剂提取法、超声波提取法、微波提取法。研究表明，不同产地生姜中的6-姜酚、6-姜醇的含量差异较大，这与生姜的品种、生长环境、气候因素及管理技术有关。

研究表明，姜辣素对细菌有一定程度的抑制作用，抑菌效果属于中度敏感，对啤酒酵母、酿酒酵母、黑曲霉和青霉没有抑制效果。6-姜酚可改善长期饮食果糖导致的大鼠胰岛素抵抗、大鼠高胰岛素血症、高甘油三酯血症和血浆中游离脂肪酸的升高，并且可显著降低胰岛素抵抗指数（HOMA-IR）。生姜中的姜辣素组分不仅是生姜特征性辛辣风味的主要呈味物质，也是生姜具有多种药理作用的主要功能因子，因此姜辣素的含量直接影响生姜的食用口味、品质和药效。

3. 黄酮类化合物

黄酮类化合物是广泛存在于植物体内的次级代谢产物之一，具有抗氧化、清除自由基、降糖降脂、抗菌消炎、抗衰老等多种药理作用。生姜中含有丰富的黄酮类化合物，初步研究分析其结构为 A 环无邻位二羟基、无游离5-羟基、7-羟基双氢黄酮，具有较强的抗氧化、清除自由基活性的能力。黄酮类化合物提取方法主要有热水提取法、有机溶剂提取法、碱液提取法、超声波辅助提取法、超临界流体提取法、酶提取法、微波辅助提取法等。

4.生姜多糖

多糖是由 10 个以上的单糖分子通过糖苷键聚合而成的极性大分子，在自然界中广泛分布，是构成生命的四大基本物质之一，也是自然界中含量最为丰富的生物聚合物之一。生姜多糖是从生姜中提取的一类植物多糖，根据多糖的来源、种类、活性等特点的不同，提取分离的方法也有所差异，传统提取生姜多糖的方法中热水浸提法最为常用，超声波辅助提取技术现在也在生姜多糖提取中有广泛应用。随着对多糖研究的不断深入，相继发现多糖具有抗肿瘤、降血糖、降血脂、免疫调节、抗病毒、抗疲劳等功能特性。有学者研究表明生姜多糖对脑缺血再灌注损伤的大鼠有保护作用，还具有抗疲劳作用。

三、生产中存在的问题

山东省是产姜大省，生姜的产量从1990年以前的每亩1 500 ～2 000千克，最高3 000千克，到2000年逐渐提升到4 000千克，最高5 000千克，直到现在的6 000千克，最高10 000千克以上。产量不断上升，但是生姜品质却有所下降，例如生姜的干物质含量降低、耐贮性和耐运输性下降、生姜中的碳水化合物、脂肪、膳食纤维、维生素等指标均有不同程度的下降。造成生姜品质下降的主要原因是生姜种植户为了追求生姜产量、效益等最大化，在施肥上存在盲目施肥和过量施肥等问题，另外还有长期连作等问题，造成种植生姜的土壤有机质缺失、土壤肥力匮乏，由于单一作物的种植时间较久，土传病害（姜瘟病、根结线虫病等）及其他病虫害（斑点病、姜蛆等）也比较严重，导致生姜的产量受到影响，品质也逐渐降低。

第三节 我国生姜规模化种植状况

我国是世界上生姜种植面积最大和产量最多的国家，主产区分为北方和南方两大优势区，北方优势主产区主要包括山东、河北、河南、辽宁，南方优势主产区包括云南、湖南、贵州、广东、安徽、四川、广西、湖北等（表1-2）。主要种植品种分为北方生姜和南方小黄姜。种植方式以露地栽培为主，设施栽培面积占10%～15%，主要分布在山东产区。

表1-2 2019—2020年全国生姜主产区种植面积（万公顷）

分布	省份	2019年	2020年
北方主产区	山东	10.15	11.20
	河北	0.55	0.67
	河南	0.60	0.66
	辽宁	0.09	0.20
	北方合计	11.39	12.73
南方主产区	云南	4.77	4.40
	湖南	3.11	3.55
	贵州	2.69	2.99
	广东	1.63	1.87
	安徽	1.44	1.73
	四川	1.25	1.31
	其他	2.15	2.47
	南方合计	17.04	18.32
全国合计		28.43	31.05

2019年受气候影响，全球生姜种植面积有所下降，据FAO数据，2019年全球生姜种植面积为38.5万公顷，同比下降2.2%；同

期全球生姜产量为408.1万吨。2020年产量和种植面积恢复，中国北方主产区生姜种植面积为12.73万公顷，同比增长11.8%；中国南方主产区生姜种植面积为18.32万公顷，同比增长7.5%。2021年全国生姜种植面积高达36.87万公顷，较去年增长18.74%，创近十年新高；同期全国生姜总产量高达1 219万吨，较去年增长32.64%，是近十年来的最大产量。

同时，我国也是生姜出口大国之一，从我国进口生姜的国家主要有荷兰、美国、阿联酋、沙特阿拉伯、巴基斯坦、马来西亚等国家，其中进口数量最多的是荷兰。由于2019年产量减少，2020年生姜进口数量有所增加。数据显示，2020年中国生姜出口量为51.1万吨，同比下降5%；同期中国生姜进口量为0.29万吨，同比增长416.2%。2020年12月中国生姜出口省份中，排名前三位的依次为山东省、云南省、广东省。其中，山东省生姜出口量为3.88万吨；云南省生姜出口量为1.79万吨；广东省生姜出口量为0.15万吨。

一、华南生姜种植状况

华南地区各省份均有生姜栽培，分布广泛，以广西、广东、福建等省份种植较多；海南由于受气候等因素影响栽培面积较小。广西的南北气候差异主要表现在热量特征上，该区域自北向南分为中亚热带、南亚热带、北热带等3个气候带。全境内都有生姜栽培，主要生产区域为百色、桂林、南宁等地区，栽培面积约2.33万公顷。广东省从北向南分别为中亚热带、南亚热带和热带气候，是我国光、热和水资源最丰富的地区之一。全省平均日照时数为1 745.8小时，年平均气温22.3℃，年平均降水量为1 300 ～ 2 500毫米。全境内都有生姜栽培，栽培面积约1.33万公顷。福建气候属亚热带海洋性季风气候，温暖湿润。福建靠近北回归线，受季风环流和地形的影响，全省70%的区域在≥10℃的积温范围内，其值为5 000 ～ 7 600℃，雨量充沛，光照充足，年平均气温17 ～ 21℃。全境内都有生姜栽培，栽培面积约1.43万公顷，其中，栽培面积超667公顷的县有5个。

二、华中生姜种植状况

华中栽培区包括湖北、湖南、江西、安徽、江苏、浙江和上海7个省份，其中生姜主产区有湖南、湖北、安徽、江西等省份。湖南生姜种植面积2.58万公顷，占全国生姜总种植面积的10.06%；总产量58.14万吨，占全国总产量的10.02%；全省14个市（自治州）均有生姜种植。湖北生姜年种植面积1.67万公顷，种植品种以小黄姜为主，其中来凤县面积最大，年播种面积0.37万公顷，历史上最大曾达0.53万公顷。生姜产业是武陵山区农民增收致富的支柱产业之一。安徽生姜种植面积1万公顷，有4个国家农产品地理标志认证产品：铜陵白姜、马寨生姜、老集生姜和舒城黄姜。该区域主要种植品种类型有白姜、小黄姜等。江西以兴国、抚州、于都、上高和九江为著名生姜产区，种植面积0.6万公顷，地方品种有兴国九山生姜、九江黄老门生姜、万载白丝姜等。

生姜是浙江衢江区特色蔬菜品种之一，种植历史悠久，全区生产面积200公顷，在省内外具有一定知名度。全区生姜产值1800万元以上，主要分布于小湖南、岭洋、黄坛口、大洲等乡镇。衢江区充分利用当地的生态资源优势，大力发展有机绿色无公害农产品，先后成为国家现代农业示范区、全国首批农产品质量安全试点县和国家生态循环农业示范点。2016年G20杭州峰会期间，衢江区供应生姜2690千克，产品全部符合峰会质量标准要求。

三、西南生姜种植状况

云贵川地区生姜常年种植面积为6.67万～8万公顷，总产量200万吨左右，分别占全国生姜种植面积和产量的25%和20%左右。四川省生姜种植区主要分布在乐山市、峨眉市、宜宾市、成都市、绵阳市、达州市等地。云南省生姜种植区主要分布在罗平县、丘北县、文山市、富源县、马关县、蒙自市、宣威市等地。贵州省生姜种植区主要分布在安顺市、黔西南州、六盘水市、黔南州、黔东南州、遵义市等地，其中镇宁布依族苗族自治县小黄姜种植面积在2020年达到1万公顷。

四川生姜常年栽培面积在2万公顷左右，主要产区包括乐山市五通桥区、犍为县，泸州市龙马潭区，南充市阆中市，自贡市，内江市，达州市开江县，成都市金堂县、郫县等。这些地区以生产鲜食菜姜和调味姜为主，加工姜和药用姜为辅。重庆市永川区生姜种植面积达333.33公顷。

四、北方生姜种植状况

北方生姜主产区包括山东、河北、河南和辽宁等省份。2019年，河北省生姜种植面积达0.67万公顷，河南省生姜种植面积约为0.6万公顷。辽宁南部的葫芦岛、朝阳、海城等地均有生姜栽培，露天栽培较少，大都是冷棚种植，面积为0.20万～0.33万公顷。内蒙古、吉林、黑龙江基本没有露天栽培，只有少量温室栽培。陕西省生姜种植面积在0.2万公顷左右，主要分布在汉中，其中城固县占一半以上。甘肃省基本没有生姜栽培。2019年，山东生姜栽培面积居全国首位，在10万公顷左右。

冀东地区位于华北平原东北部，北倚燕山，南临渤海，包括唐山、秦皇岛、天津东部和北部、廊坊北部、北京东部等地区，属暖温带半湿润季风气候，气候温和，土质肥沃，非常适合种植生姜，为河北省生姜主产区。冀东地区近年来生姜种植面积达333.33公顷，主要集中在唐山丰润区和秦皇岛抚宁区。冀东地区生姜播种适宜期为4月下旬至5月上旬，如果利用拱棚覆盖，可将播期提前20～30天，从而延长生姜的生育期。下面将以山东地区为例对北方生姜种植状况进行介绍。

山东生姜种植历史悠久，主要种植地区有昌邑、莱州、莱芜、安丘、平度、乳山、莒县、青州等地。其中2020年山东各地区产量占比如图1-1所示。山东潍坊市位于暖温带大陆性季风气候区，气候温和、光照充足、雨热同季、干湿分明,地貌以山地、丘陵、平原为主,由于地貌形态的多样性使得农产品种植多样化,从而形成了具有地域特色的农产品生产形态。潍坊市生姜种植历史悠久,早在万历年间就有种植的记载(王顺明等,2015),经过长期的栽培发展,生姜已成为潍坊市的主要经济作物之一,种植面积、产量水平、加工出口量等各项指标均居全国领先地位。其中,"安丘生姜"在2006年被国家质量监督检验检疫总局批准为国家地理标志保护产品,2009年被国家工商行政管理总局批准为地理标志证明商标;"昌邑生姜"在2010年被国家工商行政管理总局批准为地理标志证明商标,2011年被农业部批准为国家农产品地理标志产品。2018年潍坊市生姜种植面积为3.11万公顷,占潍坊市蔬菜种植总面积的10%以上,是种植规模仅次于西瓜的蔬菜品类,年产量达230万吨,产值81.2亿元,加工量205.5万吨,出口量58.5万吨。

2018年潍坊市从事生姜产业的专业合作社有101家,种植面积0.58万公顷,年产量42.1万吨,产值19.0亿元,分别占潍坊市生姜种植总面积、总产量、总产值的18.7%、18.3%、23.4%。其中有2家专业合作社被认定为国家级示范社,有18家被认定为市级示范社,规模化、产业化水平大幅提升。以下选择莱芜、安丘、莱州、昌邑、平度和乳山6个区(县)从生姜种植情况、施肥及产量情况和存在问题进行说明。

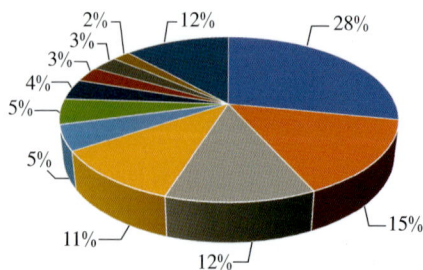

图1-1 2020年山东各地区生姜产量占比

（一）山东生姜种植情况

莱芜生姜有 2 500 年的种植历史，在封建社会曾是朝中的贡品。莱芜生姜又称黄姜，以其姜块肥大、皮薄丝少、辣浓味美、色泽鲜润而著称，并富含多种维生素，既美味又保健，其营养成分在姜类产品中始终居全国之首。在历届中国农业博览会上，莱芜生姜均被评为名牌产品，莱芜也因此被命名为"中国生姜之乡"。莱芜生姜常年种植面积为 1.33 万公顷，总产 50 万吨。在生产中实行双膜栽培、秋延迟保护栽培等栽培方式。

安丘市是山东地区的传统生姜主产区之一，目前生姜种植规模稳定在 1.07 万～1.33 万公顷，年总产 100 万吨左右，种植面积占全国的 4.4%，产量占全国的 10.0%，销量占全国的 23%，其中出口 40 万吨，内销 60 万吨，还有 0.67 万公顷种植地通过绿色有机认证，生产地域保护范围涵盖安丘市下辖的 2 个街道、10 个镇。品质优、单位面积产量高，是安丘生姜突出的特点和优势。安丘市生姜栽培历史悠久，早在万历年间就有种植的记载。"安丘生姜"在 2006 年被认定为国家地理标志产品，也是农业农村部命名的"中国姜蒜之乡"。

莱州生姜距今已有 500 多年历史。2010 年 10 月，"莱州生姜"被国家工商行政管理总局正式注册为地理标志证明商标。2021 年莱州生姜种植面积大约在 1.2 万公顷，种植范围遍及全市，全市约有 3 万农民从事生姜生产，涌现出许多生姜生产专业村，如驿道镇的东周亭村、东赵村，程郭镇的由家村、教书庄村，平里店镇的郑家村、吕村，沙河镇的大曲家村、黑羊山村。这些专业村的生姜种植面积占村庄农田总面积的 50% 以上。

昌邑位于山东省生姜种植的核心位置，生姜种植历史久远、种植面积大、产量高、质量上乘，是全国知名的生姜产地，是山东最大的生姜生产基地。生姜在昌邑的蔬菜产业中占据主导地位，常年种植面积稳定在 0.67 万公顷左右，占昌邑市耕地面积的 11%，平均每亩产量已经超过 5 吨，总产量已经超过 50 万吨，产生的经济产值超过 30 亿元。主要种植区域集中在都昌、奎聚、围子、卜庄、饮马、北孟、石埠等镇区，姜农4.5万余人。历经10多年育成"金昌生姜"新品种，其适应性广、抗病性强，推广面积4万公顷以上，干物质含量为6.9%，粗纤维含量为0.46%，且单产和品质都已经达到全国领先水平。昌邑市属暖温带大陆性季风气候区，气候温和、光照充足、雨热同季、干湿明显。境内土层深厚，土壤结构好，土质疏松，透气性好，适宜生姜种植，其种植历史可追溯到明代初年。2011年11月22日，农业部批准对"昌邑生姜"实施农产品地理标志登记保护。昌邑生姜外皮金黄，皮薄块大，大小均匀一致，清洁、不干皱，是我国主要的出口生姜。

平度生姜以其历史久远、种植面积大、产量高、质量上乘而远近闻名。据史料记载，平度早在明代就开始种姜。近年来，平度市一直是青岛地区的主要生姜种植地，2021年平度生姜种植面积近0.47万公顷，主要分布在仁兆、古岘、明村镇及李园街道等地。平度是传统的优质生姜生产区，虽种植历史悠久，却一直没有同安丘和昌邑一般进行大规模种植。

乳山属暖温带大陆性季风气候，具有气候温和、温差较小、雨水充沛、光照充足、无霜期长的特点。乳山多山地，适合果树种植，不适于传统生姜种植。乳山生姜产业发展不完善，缺乏生姜市场和洗姜线，总体生姜种植技术、设施落后。乳山地多种地人少，年轻人大多进城务工，导致该地区劳动力缺乏，对市场的辨别能力差；2021年乳山生姜种植面积在0.40万～0.54万公顷。

（二）山东生姜施肥及产量情况

莱芜生姜品种主要包括莱芜生姜、莱芜黄姜，栽培模式以露地栽培为主，通常亩产量为2 500～3 000千克，高产田可达4 000～5 000千克。施肥还以传统习惯为主，化肥用量（折纯）氮肥（N）33～65千克/亩、磷肥（P_2O_5）12～44千克/亩、钾肥（K_2O）37～86千克/亩；有机肥有稻壳鸡粪、鸭粪、发酵大豆和商品有机肥等，粪便类肥料用量为2～6米³/亩、发酵大豆为25～100千克/亩、商品有机肥40～200千克/亩；在水分管理方面，以传统畦灌为主。

安丘生姜品种主要包括山农1号生姜、莱芜辅育1号、泰国无丝姜、金昌生姜等高产优质新品种，保护性开发了安丘红芽姜等地方名优特色品种。安丘市现以地膜小拱棚和大拱棚多膜覆盖栽培为主。地膜小拱棚栽培4月5日前后播种，提前1个月催芽，10月20日左右收获，全市栽培面积8万亩左右，亩产量4 000～5 000千克，亩产值2万元以上；大拱棚多膜覆盖栽培3月10日前后播种，提前1个月催芽，10月底前收获，全市栽培面积10万亩左右，亩产量6 000～7 500千克，亩产值3万元以上，2014年生姜大拱棚三膜覆盖超高产栽培创造了亩产量13 243.5千克的高产纪录。施肥还以传统习惯为主，化肥用量（折纯）氮40～55千克/亩、磷15～25千克/亩、钾50～76千克/亩；有机肥有堆肥、发酵大豆和商品有机肥等，堆肥用量为4～6米³/亩、发酵大豆25～100千克/亩、商品有机肥200～300千克/亩；在水分管理方面，年纪大的种植户以畦灌为主；年轻种植户采用水肥一体化设施。

莱州生姜种植面积为0.80万～1.20万公顷，产量3 500～4 000千克/亩，在用肥上偏向选用高端肥，一般套餐价位在3 600～4 500元/亩。底肥基本施用复合肥，选用全控释肥、中微量元素、有机肥、菌剂、腐植酸、水溶性腐植酸及土杂肥等多个产品。在水分管理方面，自2014年起使用水肥一体化设施，至今覆盖了三分之一的姜地，其中60%～70%为滴灌，少数用微喷。生姜从种植到收获入库全流程，每人每年的劳务支出为4 000～5 000元/亩。

昌邑生姜平均产量在4 500～5 000千克/亩，对控释肥等新型肥料的认知度比较高，一般套餐价位在4 000～6 000元/亩。生姜设施种植模式多使用6～7米棚、钢管和篷布的组合。在水分管理方面，水肥一体化设施应用达到了90%，其中90%是滴灌、10%是喷施。生姜从种植到收获入库全流程，劳务支出6 000～8 000元/亩。

平度生姜平均产量在3 500～4 000千克/亩，是传统的优质生姜生产区，种植历史悠久但没有进行规模化、集约化种植，整体表现为种植结构健康，理性发展，没有大面积扩张，在肥料管理方面沿用传统习惯。在套餐肥的选用上，一般价位在3 000 ~ 5 000元/亩，平度西部接受控释肥等新型肥料。在水分管理方面，采用水肥一体化设施的面积较少。

乳山生姜平均产量在3 500 ~ 4 000千克/亩，姜农使用复合肥多，对缓控释肥等新型肥料接受度不高，大多选用矿源黄腐酸类肥料、生物菌肥、土杂肥、水溶肥、中微量元素肥料等，套餐肥多在1 800 ~ 2 000元/亩。因地势原因，用水不方便，水分管理方面多采用传统灌溉。

（三）山东生姜施肥存在的问题

1.有机肥施用量差异较大

80 %以上的姜农施用80 ~ 5 000千克/亩商品有机肥、25 ~ 250千克/亩的大豆肥、豆饼肥（或豆粕）。

2.化学养分投入过量

安丘70%的姜农使用16-9-20的复合肥，施肥量150 ~ 350千克/亩；莱芜60%的姜农施用16-4-20的复合肥，施用量200 ~ 600千克/亩。

3.化学养分配比不合理

生姜需要氮、磷、钾比例为1.0 : 0.5 : 2.0，而实际肥料养分投入比例为1.0 : 0.4 : 1.6，氮肥施用比例过高，磷、钾肥不足。

4.养分投入量年季间差别较大

生产中大多根据生姜的市场行情决定施肥量，追肥次数较多，劳动强度大。大棚种植施肥7 ~ 9次，从4月中旬至9月30日；露地种植施肥6 ~ 8次，从4月下旬至9月30日 。肥料选择以复合肥为主，品种多样，42%的农户选用平衡型复合肥料作为基肥，用量为50 ~ 100千克/亩，65%的农户后期追肥使用低磷高氮钾复合肥，品种多样，如16-9-20、16-4-20、15-5-25、15-7-24等。

5.肥料产品缺乏中微量元素

市售的复合肥中极少添加有利于产量和品质提升的中微量元

素。同时，功能性肥料施用面积逐渐扩大，这主要表现在两个方面：一是品种繁多，包括海藻酸类、腐植酸类、甲壳素类、氨基酸类、微生物类等；二是使用次数增加，最少在苗期施用两次，最多可能每次浇水都施用，总计可达10余次。一般情况下，苗期施用两次，小培土时施用两次，大培土时施用一次，总共施用5次。

PART 02 「第二章」

北方生姜种植区土壤状况 ////

第一节　土壤养分状况

　　生姜适于土层深厚、土质疏松肥沃、有机质丰富、通气性良好而便于排水的土壤。姜对土壤质地要求不甚严格，有较强的适应性，对土壤酸碱度的适应性也较强，在pH 4～9的范围内，幼苗均能正常生长。在茎叶旺盛生长期则以pH 5～7的条件为最适宜，在土壤pH较低时，生姜的根系臃肿易裂，根生长受阻，发育不良；在土壤pH大于8的盐碱地上，姜的根茎发育不良；pH大于9时，根甚至停止生长。

　　生姜在生长过程中需要不断地从土壤中吸收养分，来满足自身生长的需求。氮与生姜生长发育的关系密切，对产量影响较大。氮素供应不足，则植株矮小，叶片薄，叶色发黄，老叶易脱落，生长势弱，植株早衰，分枝少，地下块茎小，纤维多，产量低，品质差（杨先芬，2001）。同时，过多的氮也不利于生姜的生长发育，氮素用量过多时，虽然总体生物量下降不大，但主要促进了地上茎叶的生长，而地下块茎的重量显著下降，导致经济系数变小，块茎产量降低（徐坤等，2001）。磷在生育前期能促进幼苗和根系的生长，后期促进姜块早膨大，增加姜油和纤维素含量，同时，在促进生姜同化产物的转运方面也有重要作用。磷供应充足时，前期促进生姜根系的生长，促使根系发达，后期能促进块茎的生长，促使茎秆和叶片中的光合产物向块茎中转运分配，提高产量；缺磷时，生姜叶色暗绿，植株矮小，块茎发育不良，产量低。钾能促进生姜光合作用，虽然钾不直接参与有机物的合成，但可调节体内多种酶的活性，促进糖的运转，改善生姜品质。钾能促进姜地下块茎的膨大，钾供应充足时，生姜叶片肥厚，茎秆粗壮，分枝增多，抗病虫害、抗逆性增强，产量高，品质好；相反，缺钾时不仅植株的生长和块茎的发育受到影响，叶片易干枯脱落，块茎（根状）膨大不良，产量低，而且姜球的粗纤维含量增加，挥发性油、维生素 C 及糖分含量下降，导致生姜品质变劣。

一、北方主要生姜种植区的土壤养分状况

2021年在生姜种植前对山东、河北等主要生姜产区进行农户调研及取土，取得生姜产区土壤样本195份，测定其土壤养分含量以分析生姜产区土壤主要元素丰缺状况（表2-1），其中土壤有机质含量、土壤全氮含量、土壤有效磷含量、土壤有效钾含量均采用分级分类法。分级方法参照刘延生等（2019）出版的《山东省土壤养分分级统计汇编》。

表2-1 北方主要生姜种植区土壤养分状况

土壤指标	pH	有机质（%）	全氮（%）	有效磷（毫克/千克）	有效钾（毫克/千克）
最小值	4.45	0.57	0.02	8.88	9.23
最大值	8.77	2.71	0.18	611.94	554.00
平均值	6.59	1.50	0.10	88.66	149.67
变异系数(%)	13.47	29.92	32.16	68.64	70.21

1.土壤pH

由表2-1可知，北方生姜产区土壤 pH 为4.45 ～ 8.77，平均为6.59，变异系数为13.47%，种植生姜的土壤最适 pH 为6.5 ～ 7.5，属于该pH区间的土壤比例最高（图2-1），占到了全部样本的

43.1%，这表明北方土壤适宜种植生姜。但同时也要引起注意，调查样本中有42.6%的土壤pH低于6.5，这不利于生姜的生长，分析其原因，可能是由于部分地区过量施用化学肥料，加速了土壤酸化过程。

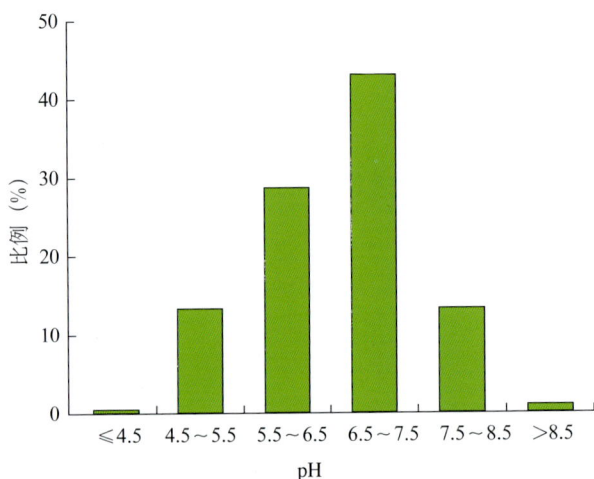

图2-1　北方主要生姜种植区土壤pH状况

2.土壤有机质

土壤有机质含量为0.57%～2.71%，平均为1.50%，变异系数为29.92%。生姜土壤较适宜的有机质含量为2%及以上，但满足生姜适宜有机质含量的土壤比例仅有14.87%（图2-2），北方主要生姜种植区土壤有机质含量处于Ⅲ～Ⅴ级，Ⅳ级最多，占土壤样本数的70.77%。北方主要生姜种植区土壤有机质含量整体水平偏低，所以需要在生姜种植过程中增加有机肥的施用量来提高土壤有机质含量。

3.土壤全氮

北方生姜种植区土壤全氮含量为0.02%～0.18%，平均为0.10%，变异系数为32.16%。生姜对氮素的吸收比例较高，为38%～42%，由图2-3可知，北方生姜种植区土壤全氮含量处于

Ⅱ~Ⅵ级，其中Ⅲ级最多，占土壤样本数的39.49%，调查土样中无Ⅰ级土壤样本，Ⅱ级土壤样本也仅为5.64%。因此，根据生姜产区土壤全氮的分析结果，可适当增加氮素投入量，以提高全氮含量为Ⅰ级和Ⅱ级的土壤的比例。

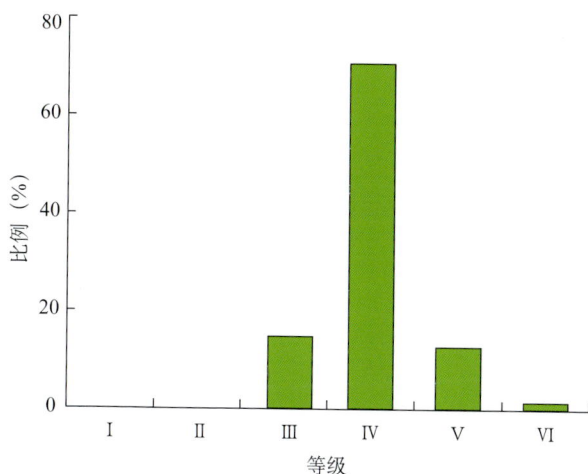

图2-2　北方主要生姜种植区土壤有机质状况

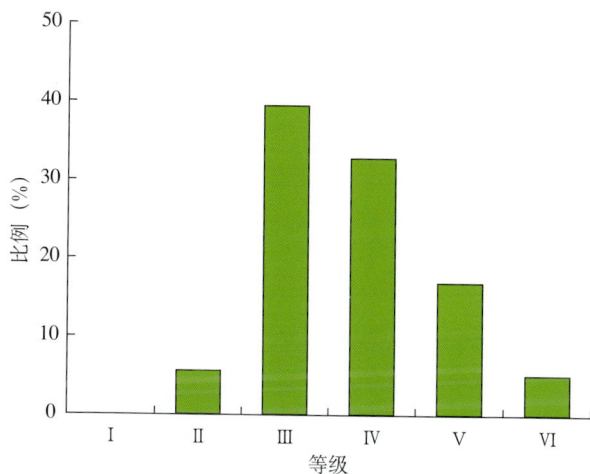

图2-3　北方主要生姜种植区土壤全氮状况

4.土壤有效磷

北方生姜种植区土壤有效磷含量在8.88～611.94毫克/千克，平均为88.66毫克/千克，变异系数为68.64%，样本间差异较大。在氮、磷、钾3种大量元素中，生姜对磷素的需求量最低，仅为10.0%～12.5%。从图2-4可以看出，北方生姜产区土壤有效磷含量主要为Ⅰ、Ⅱ级，其土样数量分别占总样本数的84.61%、11.28%。由此可知，北方生姜产区土壤有效磷含量较高，这表明在生姜种植过程中磷肥施用过量，需要采取减施磷肥和在不同区域间平衡施用磷肥的施肥措施。

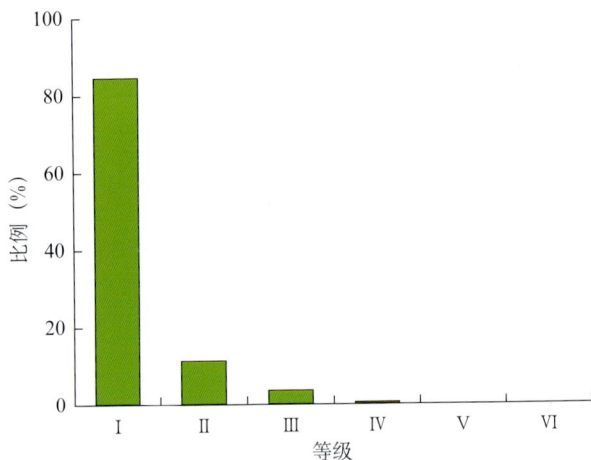

图2-4　北方主要生姜种植区土壤有效磷状况

5.土壤有效钾

从表2-1可以看出，北方生姜产区土壤有效钾含量在9.2～554.0毫克/千克，平均为149.67毫克/千克，变异系数为70.21%，样本变异程度较大。生姜对钾素的需求较大，其比例为46%～49%。由图2-5可知，北方生姜产区土壤有效钾含量在Ⅰ～Ⅳ级，其总比例占到了全部样本的90.26%，土壤有效钾含量水平整体较高，可以满足生姜对钾的需求。

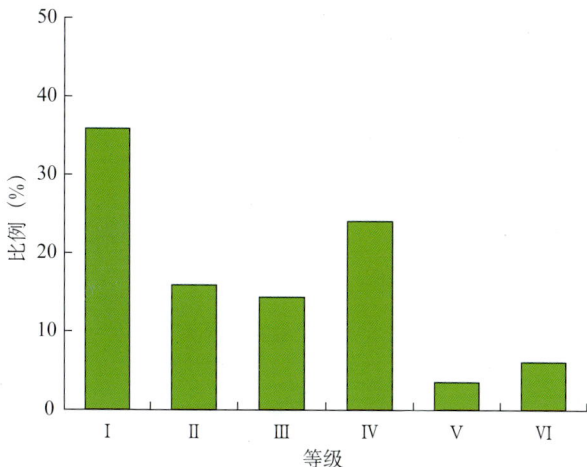

图2-5 北方主要生姜种植区土壤有效钾状况

二、山东生姜土壤养分丰缺指标

山东省土壤肥料总站于2010年建立了生姜土壤氮、磷、钾养分丰缺指标（表2-2）。在土壤氮、磷、钾养分处于丰富水平时，采取控制策略，不施氮、磷、钾肥或施肥量等于作物吸收量的50%～70%；在土壤氮、磷、钾养分处于较丰富水平时，采取维持策略，施肥量等于作物吸收量；在土壤氮、磷、钾养分处于中等或低水平时，采取提高策略，施肥量等于作物吸收量的130%～200%。

表2-2 土壤养分丰缺指标体系

养分等级	相对产量（%）	丰缺指标（毫克/千克）		
		碱解氮	有效磷	速效钾
丰富	>95	>200	>70	>300
较丰富	90～95	90～200	40～70	160～300
中	75～90	70～90	15～40	120～160
低	<75	<70	<15	<120

在不进行土壤测试时，可以依据目标产量，进行推荐施肥（表2-3）。在6 000千克/亩左右时，最大产量氮、磷、钾施肥量分别为72.7千克/亩、34.0千克/亩、77.8千克/亩，最佳产量施肥量分别为57.6千克/亩、29.1千克/亩、54.6千克/亩；在4 000千克/亩左右时，最大产量氮、磷、钾施肥量分别为44.0千克/亩、29.9千克/亩、50.3千克/亩，最佳产量施肥量分别为40.3千克/亩、28.0千克/亩、46.5千克/亩。

表2-3　生姜不同产量水平下的施肥量

最大产量（千克/亩）	最大产量施肥量（千克/亩）			最佳产量（千克/亩）	最佳产量施肥量（千克/亩）		
	氮	磷	钾		氮	磷	钾
6 018.7	72.7	34.0	77.8	5 724.3	57.6	29.1	54.6
4 193.4	44.0	29.9	50.3	4 156.4	40.3	28.0	46.5

第二节　土壤障碍因素及其解决方法

一、土壤障碍因素

生姜是我国重要的出口蔬菜，以露地栽培为主，但是不合理施肥和长期集约化生产，导致种植过程中出现了土壤障碍，具体表现如下。

1. 盲目施肥，土壤养分失衡

在同一田内连续多年种植生姜，因其吸收的养分种类相似，带走养分的比例相同，会使土壤中某些养分亏缺，营养平衡受到破坏。同时，有关生姜施肥的研究资料太少，现在很难查找到指导生姜施肥的相关资料，导致生姜的施肥缺乏科学依据，盲目施肥的现象普遍存在。在肥料的应用上不能做到合理配施，不仅容易产生肥害（图2-6），还会导致土壤营养失衡，缺素症状明显突出，进而影响生姜的产量、品质和经济效益。

图2-6 生姜过量施用氮肥产生的肥害

2.过量施肥，土壤次生盐渍化

在生姜栽培过程中，由于一味地追求高产，施肥量往往较大，尤其是化肥的施用量，远远超过生姜栽培的合理施肥范围（艾希珍等，1997）。据调查，生姜种植一季的化肥施用量最少的每亩不低于300千克，多的可达600千克（李汉燕等，2012）。这样连年过量地施用化肥，造成土壤中肥料过多，除部分被作物吸收外，大量肥料残留在土壤中，致使大量盐分聚集在土壤表层，形成次生盐渍化，从而影响生姜作物的生长发育，降低生姜的产量和品质，不利于生姜的可持续发展。生姜过量施肥的原因主要有3点：一是对生姜的施肥量无据可依，二是经济效益的驱使，三是人们对生姜的需肥特性的误解。由于生姜的耐肥能力远高于粮食作物，人们往往认为只要造不成肥害，施肥就没有过量。

3.物理性变劣，保肥保水能力降低

在生姜生产中，大部分农民过量使用化肥，忽视有机肥料的投入和施用。由于化肥对土壤团粒结构有破坏作用，加上长期相同的耕作模式，不进行深耕翻，导致土壤表层结构退化、板结和硬化，物理性状不良，通透性变差，进而致使土壤有机质含量降低，肥力衰退，保肥保水能力降低，以及需氧微生物活性下降

（王芳等，2011）。这些原因共同导致生姜根系发育不良，吸收养分和水分的能力下降，正常生长受到较大影响，成为制约生姜高产优质的障碍因素。

4.病害累积，连作障碍日益严重

生姜栽培具有高施氮率、灌溉频繁的特点。在新生姜产区不断发展的时候，老生姜产区面临的问题也不能忽视。老生姜产区的土地由于大面积的连续种植生姜，土地资源的限制使得轮作换茬不能实现，导致病害发生频率增加和严重的连作障碍。连作障碍是一种非常复杂的现象，目前这已经成为蔬菜作物生产中普遍存在的问题之一。已有的研究结果发现：土传病害的积累，如生姜的茎腐病、姜瘟病等（图2-7）；土壤理化性质的变劣，如容重增加、孔隙度减小等；化感物质引发的自毒作用；病原体、化感物质、土壤理化性质等多种因素的相互作用。

根结线虫病

茎腐病

姜瘟病

斑点病

图2-7　生姜主要病害

二、土壤障碍解决方法

1.使用化学药剂进行土壤消毒

利用硫酰氟熏蒸土壤，散气7天后再定植，对根结线虫能起到明显的控制效果。氯化苦、棉隆、威百亩和1,3-二氯丙烯等均可用于土壤熏蒸（图2-8），并对多种病害具有明显的防治效果，具体用量方法应严格按照农技部门或厂家推荐执行，以防意外发生。

图2-8　生姜种植前利用化学试剂消毒

2.施用土壤改良剂

生石灰可以缓解土壤酸化，提高根际土壤中微生物区系的微生物种类及数量，在连作土壤中，施入生石灰可减少连作土壤中细菌和放线菌数量，提高土壤pH，提高土壤蔗糖活性及细菌与真菌的比值（张一鸣等，2013）。

3.合理施肥

针对生姜种植过程中存在的大水大肥现象，可通过分析当季土壤养分状况，进行精准养分管理，避免化肥的过量使用，从而减轻过量施肥带来的土壤酸化等问题。

4.施用有机肥

有研究表明，利用有机肥代替部分化肥，可以加速土壤微生物的繁殖，提高土壤微生物量碳和微生物量氮的含量。有机肥来源包括动物粪便、作物残渣、农业废料堆肥等，如稻草秸秆、炭化玉米芯等。这些有机物质能改善土壤结构，调节上壤物理性质。具体来说，稻草秸秆增加了水稳性团聚体的含量，增加了土壤有机质含量，从而改善了土壤结构，因此更利于土壤细菌和放线菌的生长（刘益仁等，2009）。有机肥施用前，必须经过充分堆置发酵处理，以防出现烧苗。

PART 03 「第三章」

北方生姜肥料施用状况 ///

    2021年在山东生姜主要生产地区（潍坊、济南和威海），通过与种植户直接访谈的方式，调查了当地生姜种植过程中的施肥情况。目前生姜生产可分为两种模式，第一种是有种植经验的农户，按照自己的经验和意愿进行施肥管理，称之为经验模式；第二种是零经验的新手种植户，由专业公司提供施肥方案和肥料产品，并进行全程指导，趋向于标准化生产，称之为技术模式。3个主产区因生产环境（气候和土壤）、种植品种、生产方式和目标的不同，其施肥管理差异较大。即使在同一地区，两种模式在施肥次数和肥料用量上差别也较大，同时专业公司指导的模式方案因地而定，所以不同地区也略有差异。因此，本章将按照不同地区的不同生产模式，分别总结施肥情况。

    计算中涉及的化学肥料养分含量参照农户所用的包装袋，种植户在描述有机肥投入量时采用体积单位"米^3"为计量单位的，1米^{3}鸡粪和鸭粪风干质量为360千克，1米^{3}牛粪风干质量为440千克，1米^{3}猪粪风干质量为450千克。采用赵永志（2012）的有机肥养分含量计算方法对有机肥中的养分投入总量进行估算（表3-1），商品有机肥按氮为2%、磷为2%、钾为1%、含水量为30%计算。

表3-1 畜禽粪便养分含量（%）

种类	鲜基			风干基		
	氮	磷	钾	氮	磷	钾
鸡粪	1.03	0.41	0.72	2.14	0.88	1.53

(续)

种类	鲜基			风干基		
	氮	磷	钾	氮	磷	钾
猪粪	0.55	0.25	0.29	2.09	0.82	1.08
牛粪	0.38	0.10	0.23	1.56	0.38	0.90
鸭粪	0.71	0.36	0.55	1.64	0.79	1.26
堆肥	0.35	0.11	0.40	0.64	0.22	1.05
豆饼	4.84	0.52	1.34	6.68	0.44	1.19

第一节 生姜栽培中使用的主要肥料种类及用量

经对以山东省为主要代表的北方生姜种植区进行调研发现，生姜种植中使用的肥料类型包括有机肥和化肥两大类，其中有机肥主要为畜禽粪便、豆粕和商品有机肥等，化肥则包括复合肥、水溶肥和控释肥等。因为生姜主产区的产量水平、施肥习惯等差异较大，所以各生姜产区的肥料使用比例存在较大差异。

因栽培方式、种植习惯、生姜品种及产量水平等多种因素的综合影响，生姜各主产区间，甚至不同种植户之间的肥料用量均存在较大的差异。在以早熟嫩姜栽培或中熟菜姜栽培模式中，栽培技术的核心是温度控制，肥料施用品种少、用量较小，比如四川越冬姜芽促成栽培，每亩施入底肥（氮-磷-钾 = 15-15-15）50千克，苗出土后结合浇水追施硫酸钾 2～3 次，亩用量 5～8 千克。而以老姜生产为主的栽培模式，时间长、产量高、肥料投入量较大，本章以山东省生姜主要种植区为例进行分析如下。

一、有机肥使用情况

山东省生姜种植中使用的有机肥种类主要包括畜禽粪便堆

肥、商品有机肥和饼粕类有机肥。济南市莱芜区生姜主要种植在丘陵地区，种植时间长，农户根据自己的经验种植。生产中有机肥施用种类较多，主要以商品有机肥、鸡粪和菌肥为主，占比81.3%。威海市乳山市是胶东地区最大的生姜生产基地，种植区域的土壤以沙壤土为主，生姜主要销往南方大城市，同时出口欧美等国家，使用的有机肥主要是牛粪和商品有机肥，牛粪施用比例较高，占比60%～80%。潍坊地区施用的有机肥主要有鸡粪、鸭粪、猪粪、豆粕和商品有机肥5种，其中商品有机肥（67.6%）、鸡粪（11.8%）和豆粕（11.8%）的施用量共占有机肥总用量的91.2%。

济南区域主要有机肥种类中，鸡粪、商品有机肥和菌肥平均亩施用量分别为3 750千克、335千克和105千克，农户之间肥料用量差别较大，有机肥为160～5 075千克/亩，平均1 732千克/亩，以基施为主，平均亩用量为1 651千克；39.9%氮、34.7%磷和23.7%钾来源于有机肥，总养分中39%氮、32.5%磷和25.5%钾用于基肥，且90%由有机肥提供。威海地区有机肥均用于基肥，亩均施用量为1 216～1 488千克，33%～35%总养分、46%～50%氮、19%～27%磷和27%～29%钾来源于有机肥。潍坊调查户之间有机肥用量为40～3 040千克/亩，平均亩用量818.8千克；从养分来源来看，20.9%～31.3%总养分、28.2%～38.3%氮、24.7%～49.6%磷和13.4%～14.9%钾来源于有机肥；基肥和追肥均施入有机养分，其中91.8%养分以基肥形式投入，8.2%有机养分用于追肥。

二、化肥使用情况

1.济南生姜种植区化肥使用情况

济南市莱芜区生姜种植区有80%以上的农户施用复合肥和水溶肥，有30%农户施用控释肥。将养分含量<10%化肥称为低养分型，含量10%～20%为中养分型，含量>20%为高养分型。可以看出，化肥总养分在46%～60%，但养分配方种类较多，如

17-17-17、8-12-34、16-7-30、17-22-21、16-5-27等10余种，复合肥以中氮低磷型为主，占比66.7%；水溶肥以低磷型水溶肥为主，占比50%；控释肥以中氮低磷高钾型（14-8-26和16-9-21）为主。

济南生姜种植区化肥用量为43～302千克/亩，平均170.5千克/亩，以追肥为主，平均亩用量为162.5千克。调查结果显示，农户间施肥差异较大，氮、磷和钾养分投入量最大值分别是最小值的4.2倍、4.3倍和7.0倍。文献中每生产1 000千克生姜新鲜根茎，需从土壤中吸收氮4.67～6.10千克、磷1.90～2.36千克和钾7.25～9.40千克，取其平均值计算，莱芜生姜均产52.5吨/公顷，氮、磷和钾需肥量分别为283.0千克/公顷、111.8千克/公顷和437.3千克/公顷，而实际生产中投入量分别是需求量的2.4倍、3.2倍和1.7倍（表3-2）。从养分来源来看，基肥以有机养分为主，追肥则以化学养分为主。

表3-2　济南市生姜养分投入情况

养分类型	养分形态	施肥方式	施肥量（千克/公顷）	投入合计（千克/公顷）	基肥占比（%）	来源占比（%）	总投入量（千克/公顷）
氮	有机态	基肥	246.2	271.6	90.7	39.9	680.8
		追肥	25.3				
	化肥态	基肥	19.2	409.2	4.7	60.1	
		追肥	390.0				
磷	有机态	基肥	106.0	124.9	84.9	34.7	359.7
		追肥	18.8				
	化肥态	基肥	10.8	234.8	4.6	65.3	
		追肥	224.0				
钾	有机态	基肥	169.9	181.0	93.9	23.7	764.7
		追肥	11.0				
	化肥态	基肥	25.2	583.7	4.3	76.3	
		追肥	558.5				

研究和生产实践表明，生姜生育期对养分的需求基本是磷少钾多，整个生育期氮:磷:钾的吸收比例大约是1:0.38:1.54。本次调查结果显示，生姜总养分投入量氮:磷:钾比例为1:0.53:1.12，化肥氮:磷:钾比例为1:0.57:1.43（表3-3）。总体而言，化肥中磷的投入量占比略高，有机肥中钾的投入量占比不足。

表3-3 济南市生姜养分比例

肥料类型	施肥方式	养分比例 氮:磷:钾	总养分比例 氮:磷:钾
有机肥	基肥	1:0.43:0.69	1:0.46:0.67
	追肥	1:0.74:0.44	
化肥	基肥	1:0.56:1.31	1:0.57:1.43
	追肥	1:0.57:1.43	

2.威海生姜种植区化肥使用情况

威海市乳山市生姜种植区施用的化肥配方肥有10种，主要为平衡型和中氮中磷型，一般经验模式选择1～3种复合肥搭配施用，60％农户施用平衡型（15-15-15）复合肥，水溶肥以中氮低磷高钾型（13-7-30）为主；而采用新技术的农户80％选用磷、钾较高的复合肥（15-20-20），并根据不同生长期，使用中氮中磷低钾型（20-20-10）和低磷高钾型（21-8-21和13-7-30）水溶肥。

从威海生姜种植区化肥用量来看，经验模式化肥平均用量171.6千克/亩（106～240千克/亩），以施用复合肥为主（166千克/亩）；技术模式化肥平均用量125.2千克/亩（102～152千克/亩），其中复合肥和水溶肥平均用量分别为48千克/亩和77.2千克/亩。据文献计算，威海区域生姜平均产量60吨/公顷，需要吸收氮323.4千克/公顷、磷127.8千克/公顷和钾499.8千克/公顷，而经验模式中氮、磷和钾投入量分别是需求量的2.4倍、4.1倍和1.3倍

（表3-4），且农户间施肥差异较大，氮、磷和钾养分投入量最大值分别是最小值的3.0倍、2.4倍和3.1倍。从养分来源来看（图3-1），经验模式中33%总养分、46%氮、19%磷和29%钾来源于有机肥。

表3-4　威海市生姜养分投入情况（千克/公顷）

种植模式	总养分			有机养分			化学养分		
	氮	磷	钾	氮	磷	钾	氮	磷	钾
经验模式	760.7	517.8	673.4	346.3	97.1	198.5	414.4	420.8	474.9
技术模式	566.2	345.0	593.5	280.7	93.8	159.4	285.5	251.2	434.1

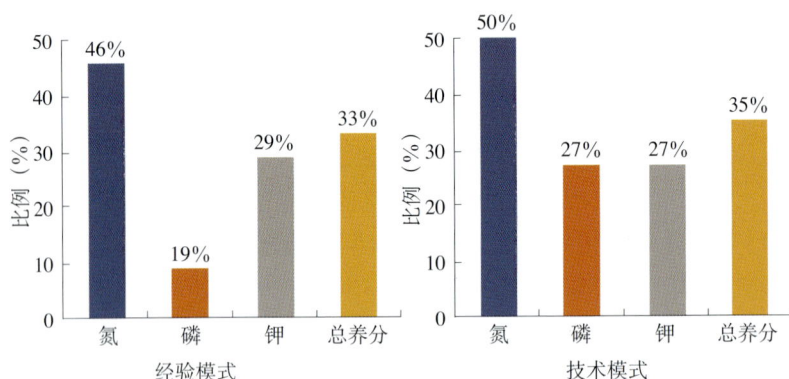

图3-1　各养分来源于有机肥比例

技术模式较经验模式增产12.5%，氮、磷和钾投入量分别是需求量的1.6倍、2.4倍和1.1倍。农户间施肥差异较小，氮、磷和钾养分投入量最大值分别是最小值的2.4倍、1.5倍和2.0倍。

两种模式相比，技术模式中有机肥和化肥投入量较经验模式分别减少31%和27%，且中氮低磷型水溶肥用量较高，因此，技术模式下氮、磷和钾养分投入分别比经验模式降低25.6%、33.4%和11.9%。

调查显示（表3-5），经验模式和技术模式下的生姜总养分投入量氮：磷：钾比例分别为1：0.68：0.89和1：0.61：1.05，与文献中生姜养分吸收比例1：0.38：1.54相比，均表现为磷高钾少，尤其是经验模式。因有机肥施用以牛粪居多，所以两种模式下有机肥提供的磷钾比例较低；经验模式和技术模式下的化学养分氮：磷：钾比例分别为1：1.02：1.15和1：0.88：1.52，可以看出技术模式下钾肥投入占比符合生姜需求，经验模式下钾肥投入占比较低，而两种模式下磷肥投入占比均较高。

表3-5　威海市生姜养分比例

种植模式	总养分比例 （氮：磷：钾）	有机肥养分比例 （氮：磷：钾）	化学养分比例 （氮：磷：钾）
经验模式	1：0.68：0.89	1：0.28：0.57	1：1.02：1.15
技术模式	1：0.61：1.05	1：0.33：0.57	1：0.88：1.52

3.潍坊生姜种植区化肥使用情况

潍坊市生姜在安丘和昌邑等地种植较为集中，且种植历史悠久，种植经验丰富，生姜产量较高。目前生产中，种植主体为年龄偏大的种植户，对新事物的接受能力较弱，大多仍凭借经验种植；因生姜近两年价格优越，许多年轻人加入种植群体，并多由专业公司介入指导，因此潍坊市生姜种植中经验模式和技术模式并存。经验模式生产中16%农户仅施用复合肥，84%农户复合肥和水溶肥搭配施用。该种植区施用的化肥养分配方种类繁多，复合肥高达36种，主要以中氮低磷型（12-6-18、14-6-20、15-5-25、15-10-25、16-5-24和18-6-30等）为主，占比75%；平衡型（15-15-15、16-16-16、19-19-19和20-20-20）占比11.1%；水溶肥也多达15种，以中氮低磷高钾型（12-4-42、15-5-30和20-10-30等）和平衡型（17-17-17、19-19-19、20-20-20和21-21-21）为主，分别占比46.7%和26.6%。技术模式中化肥施用以水溶肥为主，养分配方种类较少，主要以平衡型（17-17-17）、中氮低磷型

（15-5-20）和低磷高钾型（13-7-30和21-8-21）为主。

经验模式下，调查户之间化肥用量为140～460千克/亩，平均用量266.6千克/亩。技术模式下，化肥用量为100～212千克/亩，平均141.7千克/亩。根据文献计算，经验模式平均产量93.9吨/公顷，需要吸收氮506.1千克/公顷、磷200千克/公顷和钾782.2千克/公顷。由表3-6可知，经验模式中氮、磷和钾总养分投入量分别为864.9千克/公顷，488.8千克/公顷和1 068.5千克/公顷，投入量分别是需求量的1.7倍、2.4倍和1.4倍。技术模式较经验模式增产27.8%，但总养分投入量降低36.3%，氮、磷和钾养分分别降低41.6%、20.4%和39.3%。技术模式下获得120吨/公顷产量需要吸收氮646.8千克/公顷、磷255.6千克/公顷和钾999.6千克/公顷，而投入量分别是需求量的0.8倍、1.5倍和0.6倍。

从养分来源来看，技术模式的总化学养分投入量较经验模式显著降低44.6%，氮、磷和钾的投入量分别降低49.9%、46.7%和40.3%。

表3-6 潍坊市生姜养分投入情况

种植模式	养分类型	养分形态	施肥方式	施肥量（千克/公顷）	投入合计（千克/公顷）	基肥占比（%）	来源占比（%）	总投入量（千克/公顷）
经验模式	氮	有机态	基肥	224.9	243.6	92.32	28.17	864.9
			追肥	18.7				
		化肥态	基肥	79.1	621.3	12.73	71.83	
			追肥	542.2				
	磷	有机态	基肥	105.7	120.7	87.57	24.69	488.8
			追肥	14.9				
		化肥态	基肥	61.2	368.2	16.62	75.33	
			追肥	307.0				

（续）

种植模式	养分类型	养分形态	施肥方式	施肥量（千克/公顷）	投入合计（千克/公顷）	基肥占比（％）	来源占比（％）	总投入量（千克/公顷）
经验模式	钾	有机态	基肥	135.0	143.2	94.27	13.40	1 068.4
			追肥	8.1				
		化肥态	基肥	108.0	925.3	11.67	86.61	
			追肥	817.3				
技术模式	氮	有机态	基肥	193.2	193.2	100.00	38.28	504.7
			追肥	0				
		化肥态	基肥	23.3	311.5	7.48	61.72	
			追肥	288.2				
	磷	有机态	基肥	193.2	193.2	100.00	49.63	389.3
			追肥	0				
		化肥态	基肥	18.6	196.1	9.48	50.37	
			追肥	177.5				
	钾	有机态	基肥	96.6	96.6	100.00	14.89	648.8
			追肥	0				
		化肥态	基肥	22.6	552.2	4.09	85.11	
			追肥	529.6				

　　两种模式下，基肥和追肥的养分投入也有差异（表3-6）。经验模式下，基肥和追肥均有有机养分的投入，其中91.8%的养分以基肥形式投入，8.2%的养分用于追肥；而技术模式下有机肥只在基肥时投入。两种模式下化肥的施用方式均以追肥为主，经验模式和技术模式下追肥化学总养分投入量分别占总化学养分的87.0%和93.9%。

经计算，经验模式和技术模式下生姜总养分投入量氮∶磷∶钾比例分别为1∶0.57∶1.24和1∶0.77∶1.29，与文献中生姜养分吸收比例1∶0.38∶1.54相比，均表现为磷高钾少。技术模式下磷比例更高，主要施用氮、磷含量高的商品有机肥（氮∶磷∶钾＝1∶1∶0.50），而经验模式下除商品有机肥外还有氮、磷比例低的畜禽粪便（氮∶磷∶钾＝1∶0.50∶0.59）。两种模式的化肥养分比例氮∶磷∶钾分别为1∶0.59∶1.49和1∶0.63∶1.77（表3-7），与生姜养分吸收比例相比，磷比例略高。

表3-7　潍坊市生姜养分比例

	有机肥养分比例（氮∶磷∶钾）			化肥养分比例（氮∶磷∶钾）		
	总养分	基肥	追肥	总养分	基肥	追肥
经验模式	1∶0.50∶0.59	1∶0.47∶0.60	1∶0.80∶0.43	1∶0.59∶1.49	1∶0.77∶1.37	1∶0.57∶1.51
技术模式	1∶1∶0.50	1∶1∶0.50	0	1∶0.63∶1.77	1∶0.80∶0.97	1∶0.62∶1.84

第二节　生姜施肥情况

调查发现，生姜种植中多采用有机肥＋化肥组合的方式施肥，其中有机肥多用作基肥，而化肥主要以追肥的方式施用，但各生姜主产区有机肥和化肥的基追比例及追肥次数存在较大差异。

一、有机肥施用习惯

从图3-2可以看出，济南生姜种植区在施用基肥时仅施用有机肥的占比为80%，有机肥配施化肥（菌肥＋控释肥）的占比为20%。有90%的农户习惯追肥中也施用有机肥，以施用1次为主，占比为78%，施用2次和3次的各占比11%，主要集中在6月下旬至7月中旬施用；追肥时有机肥种类以菌肥和商品有机肥为主，各占比44%。

威海乳山市农户在种植生姜时，基肥仅施用有机肥，化肥均作追肥。从潍坊生姜种植区的有机肥施用情况来看，经验模式下64%的农户在施基肥时只施用1种有机肥（图3-3），施用2种有机肥的占比为36%，一般为粪肥与商品有机肥配施，36%的姜农追肥时施用1～2次有机肥；基肥和追肥的有机肥平均用量分别为744.8千克/亩和74千克/亩。而技术模式有机肥仅作基肥施用，推荐施用商品有机肥用量为920千克/亩，较经验模式增加12.4%。

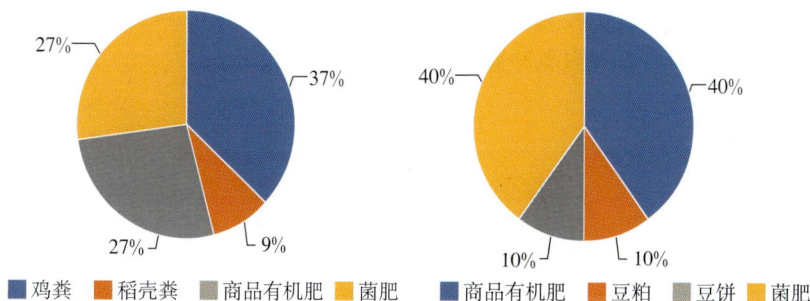

图3-2 济南生姜种植区不同有机肥施用比例（左图为基肥，右图为追肥）

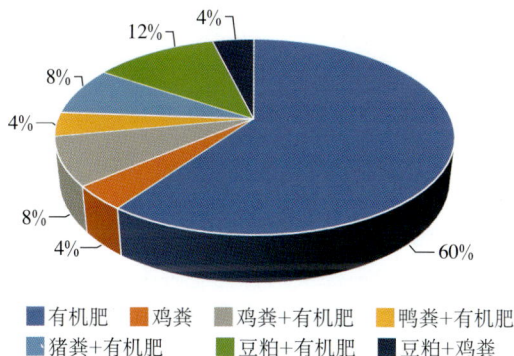

图3-3 潍坊生姜种植区基肥中不同有机肥种类施用比例

二、化肥施用习惯

1.济南生姜种植区

济南生姜种植区基肥中化肥施用量较小，仅有20%的农户在施基肥时施用控释肥，复合肥主要在小培土和大培土时沟施，水溶肥贯穿整个生长阶段，一般随水冲施。生姜一般在9月中旬前完成追肥，生长季共进行3～7次追肥（图3-4），其中进行4次和6次追肥的最多，各占比30%。追肥时有50%的农户施用1～3次腐植酸水溶肥，为促进生姜发芽和生根，80%的农户在4月冲施。施肥方法上，在施基肥时撒施肥料的农户占80%，沟施占比20%；结合培土的追肥一般为沟施，使用此方法的农户占比34.5%，其他时间追肥多数通过灌溉冲施水溶肥，占比65.5%。

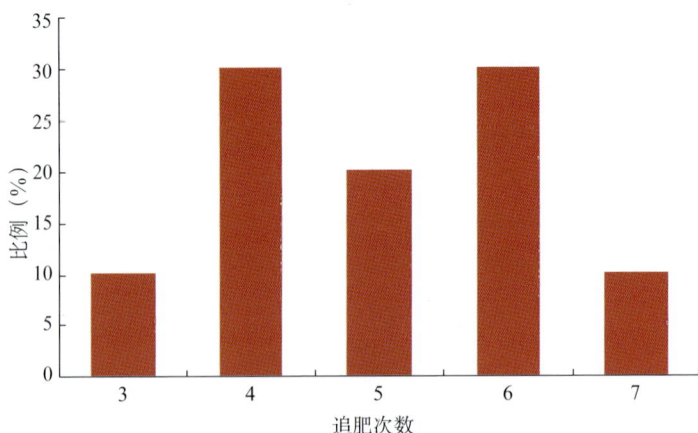

图3-4 济南生姜种植区不同追肥次数所占比例

2.威海生姜种植区

威海生姜种植区的两种模式在化肥种类、追肥次数上均存在差异。首先，从化肥种类来看，经验模式以施用复合肥为主，单施复合肥的农户占比60%，复合肥和水溶肥配合施用的占比40%，复合肥主要集中在7—8月施用，水溶肥仅在最后一次追肥时施用。技术模式有系统的施肥方案，一般4月施用促根生长的中氮中磷低钾型（20-20-10）水溶肥，5月施用促茎秆发育的高氮低磷高钾型水溶肥（21-8-21），7月中旬至8月上旬为促进光合作用施用复合肥，8月下旬至10月中上旬为促进块茎膨大和养分下移施用中氮高钾型水溶肥（13-7-30）。从追肥次数来看，经验模式下追肥3次的占比60%，追肥5次的占比40%；技术模式下追肥10次的占比80%。

3.潍坊生姜种植区

生姜种植中，两种施肥模式均包括基肥和追肥两部分，但在施肥种类、追肥次数和施肥方式上存在差别。从施肥种类和施肥方式来看，经验模式以施用复合肥为主，单施复合肥的姜农占比16%，复合肥和水溶肥配合施用的占比84%，复合肥主要在基肥和7—8月结合培土施用，而水溶肥多在最后一次追肥时施用。技术模式以施用水溶肥为主，仅有30%的姜农在基肥或8月上旬结合大培土施用1次复合肥，而水溶肥贯穿整个生长季。技术模式下60%的姜农配合施用低磷高钾型（21-8-21）和中磷低钾型（20-20-10）复合肥作底肥，5—6月冲施高氮低磷型（21-8-21）和中磷低钾型（20-20-10）复合肥促进根系和茎秆发育，施肥频率6～10天/次，每次4～6千克/亩；7—10月主要施用中氮低磷高钾型（13-7-30）水溶肥，施肥频率9～15天/次，每次8～24千克/亩。从追肥次数来看（图3-5），经验模式下追肥比较集中，3～5

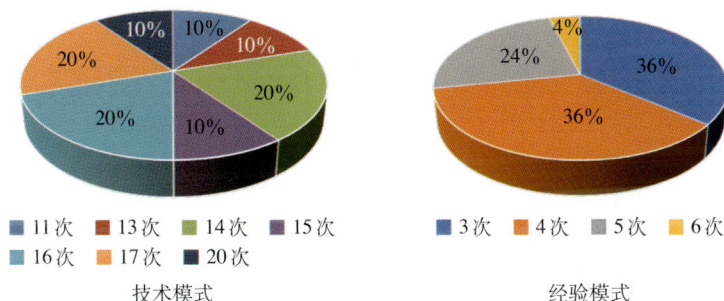

图3-5 潍坊生姜种植区不同追肥次数所占比例

45

次占比96%；技术模式下追肥次数较多，一般为10 ~ 20次，其中14 ~ 17次占比70%。

第三节 生姜施肥中存在的主要问题

一、主要问题

1.过量施肥

3个地区的生姜生产中均存在过量施肥的问题，尤其是经验模式，总养分投入量高达1 805.2 ~ 2 422.1千克/公顷，氮、磷、钾养分投入量分别为需求量的1.7 ~ 2.4倍、2.4 ~ 4.2倍、1.3 ~ 1.7倍，3种养分都具有减施潜力，尤其是磷肥。技术模式较经验模式总养分投入低22.9% ~ 36.3%，氮、磷、钾养分投入量分别是需求量的0.8 ~ 1.6倍、1.5 ~ 2.4倍、0.6 ~ 1.1倍，其中，潍坊地区存在氮、钾施用量不足的现象，而磷肥仍具有较高的减施潜力。有机、无机结合是科学的施肥方法，但在生姜生产中，有机肥的施用量在40 ~ 5 075千克/亩，不同农户间差异较大，用量不足和过量使用现象并存。

2.养分施用比例不当

一方面总养分比例与吸收比例不协调，姜对氮、磷、钾的吸收比例为1：0.38：1.54，而两种模式下的总养分投入比例为1：（0.53 ~ 0.77）：（0.89 ~ 1.29），均表现为磷高钾低；另一方面表现为与生姜生育阶段的养分需求不协调，生姜的需肥比例为苗期1：0.42：1.54，后期1：（0.38 ~ 0.42）：（1.4 ~ 1.67），而实际生产中苗期磷、钾肥比例均过低，尤其是钾肥，后期表现为经验模式磷高钾低，技术模式磷比例过高。

3.养分分配不合理

一是姜农重视大量元素肥料的施用，忽略了中微量元素肥料及微生物肥料，导致土壤养分失调，阻碍生姜高产优质。二是因为生姜封垄后不方便采用常规方式追肥，所以大多结合前期培土施肥，复合肥用量较大，而后期（9月生姜收获前40 ~ 50天）多数姜农减少了追肥次数或不再追施化肥，因此出现前期养分过量、后期养分不足的现象，从而影响生姜的产量和质量。

4.农户间施肥差异大

经验模式下姜农都有自己的种植习惯，大多根据生姜长势和生姜行情进行施肥，在肥料选择、用量和施肥频率上往往依靠经验，造成养分投入量间的差异超过2.4倍，其中，济南地区的钾肥投入差异高达7倍。技术模式有比较系统的施肥方案，姜农间养分投入差异较小，为1.4 ~ 2.4倍，技术模式较经验模式在养分管理上更合理，但应用技术模式的姜农仅占1/4。

二、应对措施

生姜的标准化养分管理是推动生姜产业绿色高效发展的重要措施，应积极推广。

生姜施肥原理

第一节　生姜养分需求规律

一、生姜干物质积累规律

1. 生姜不同生育期干物质积累特性

姜是典型的喜温耐阴蔬菜，生长温度以白天22～25℃、夜间18℃为宜，15℃以下植株停止生长。生姜的生育期很长，约为200天，全生育期又可分为4个时期，即出苗期、壮苗期、旺盛生长期、转色期。幼苗要求中等光照，荫蔽状态下生长良好，旺盛生长期则要求稍强的光照。

出苗期生姜的生长非常缓慢，需要的养分也比较少，干物质积累量也少。试验表明，中产水平（产量3 500～5 000千克/亩）出苗期的日增长量仅为每株0.02克/天；出苗后进入壮苗期，地下根茎的生长依然比较缓慢，但是地上部茎叶的生长已经开始明显加快；在生姜生长到113天后（立秋前后）开始培土，自此进入生姜的旺盛生长期，生姜开始迅速生长，干物质积累量也迅速增加，此时期是生姜产量的主要积累期，这个时期的日增长量也达到最高，地下部根茎的日增长量每株达1.37克/天，地上部茎叶的日增长量每株达1.55克/天；旺盛生长期过后进入转色期，生姜的生长趋于稳定，转色期生姜的日增长量明显下降，仅为每株0.22克/天。生姜的干物质积累动态过程符合S形生长曲线。生姜干物质各阶段积累量占全生育期的比例为发芽期1.29%、苗期26.36%、旺盛生长期65.19%、转色期5.65%，生姜地下部姜块干物质积累主要集中在旺盛生长期（占全生育期的78%）。

2.不同种植模式下生姜的干物质积累规律

随着生姜品种的改良及栽培技术的改进，生姜产量持续提升，种植模式也多样化，为了更好地指导生产，结合近年来的研究结果，我们总结了生姜高产水平及不同种植模式下的干物质积累规律。通过分析可知，设施和露地栽培模式下生姜整个生育期的单株干物质积累动态变化均呈S形（图4-1）。设施定植后93天、露地定植后73天（发芽期）第1次取样，设施和露地生姜单株干物质积累量均较低，分别为10.17克和6.48克；设施定植后135天、露地定植后115天（苗期）第2次取样，生姜干物质积累量显著增加；设施定植后156天、露地定植后136天（发棵期）第3次取样，生姜单株干物质积累量分别为133.35克和102.53克；设施定植后189天、露地定植后169天第4次取样时，设施和露地生姜的单株干物质积累量分别为228.60克和183.38克，此阶段的单株干物质积累量占全生育期的1/3以上，是生姜干物质积累的主要时期；设施定植后216天、露地定植后196天收获取样时，生姜单株干物质积累速率较前一阶段略有下降，此时生姜的单株干物质积累量分别为276.44克和238.37克。此外，设施生姜单株干物质积累量在每次取样时均显著高于露地生姜（图4-1），这可能与设施生姜定植时间早，更早地建立起较大的同化系统有关。

姜块干物质积累动态变化与单株干物质量变化规律基本一致（图4-2），即每次取样时，设施条件下的姜块干物质积累量均显著高于露地条件。此外，自第2次取样开始，姜块干物质积累量快速增加，尤其在第3、第4次取样间增长显著，此时正处于根茎膨大期，该时期的设施和露地生姜干物质积累量分别占全生育期的32.47%和42.92%，环比增长率分别达99.47%和95.26%。至收获取样时，设施和露地姜块干物质积累量分别达151.53克/株和107.75克/株，分别占全株干物质积累量的54.82%和45.20%。

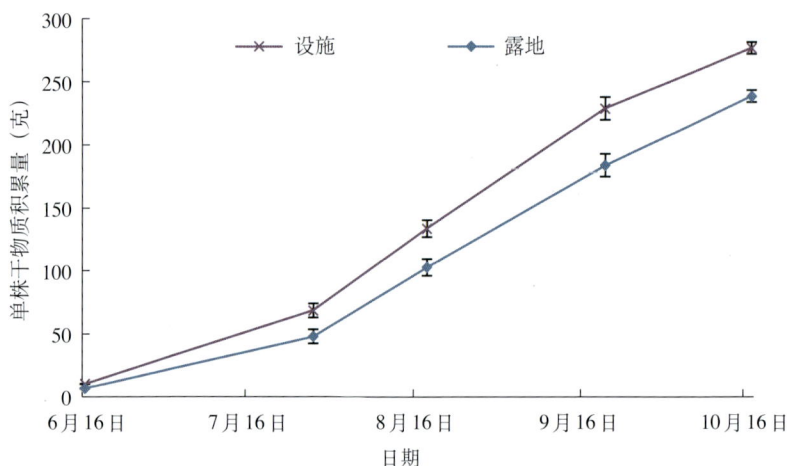

图4-1 生姜不同时期单株干物质量

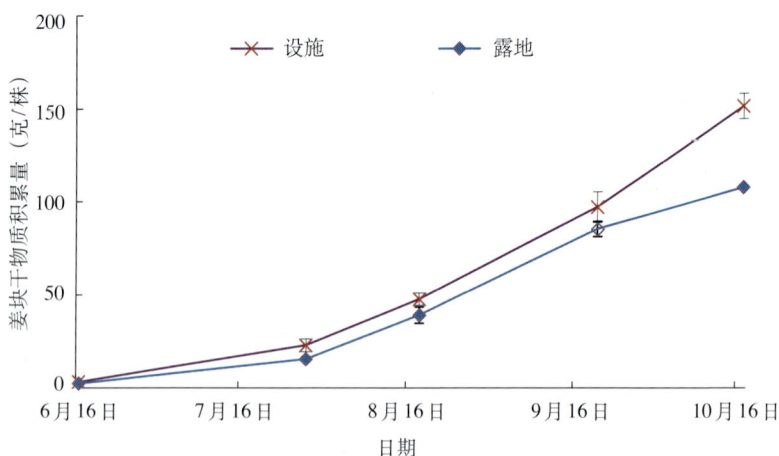

图4-2 姜块不同时期干物质量

二、生姜养分吸收规律

1.氮、磷、钾元素对姜的生理作用

氮是构成植物蛋白质的主要成分,氮素供应适当时,生姜植株生长健壮,叶片呈现鲜绿色,光合能力强,同化有机物质多,

地下茎膨大快，生姜品质好、产量高。氮素不足时，生姜茎叶矮小，叶片呈现黄绿色，下部叶片早期枯黄脱落，形成早衰，地下茎膨大慢，肉质纤维素多，味辛肉老，品质差、产量低。磷在生姜生育前期能促进植株根系发达和幼苗生长，后期多施磷素，能使地下茎提早膨大，增加姜油酮和生姜纤维素的含量，并能提升植株抗旱、抗寒能力。钾能使生姜地上茎输导组织及机械组织发达，增加叶片持水量，提高植株抗寒、抗旱、抗病、抗高温的能力。钾素不足时，生姜单位叶面积的碳水化合物含量就会减少，生姜叶片变红，且易干枯、早脱落，地下茎皮厚肉粗，品质低劣。

2.生姜吸收氮、磷、钾养分的规律

生姜全株鲜重的增长量变化与养分吸收量是一致的，幼苗期吸肥量较少，旺盛生长期吸肥量随之增加，直至收获仍保持较高的水平。生姜对氮、磷、钾的需求规律与其干物质积累规律和自身的生长规律一致。生姜出苗期生长缓慢，干物质积累量少，对养分的需求量也很低；进入壮苗期后生姜的生长速度逐渐加快，干物质积累量也逐渐增多，对养分的需求量也随之增加。相关试验表明，中产水平（产量3 500～5 000千克/亩）的生姜进入壮苗期后，地上部茎叶的干物质积累过程中对钾素的需求量占植株对钾素总需求量的43%、对磷素的需求量占总需求量的36%、对氮素的需求量占总需求量的33%；壮苗期过后进入生姜的旺盛生长期，地下部根茎的干物质积累量迅速增加，对养分的需求量随之迅速增加，此时期地下部姜块对氮素的需求量占总氮素需求量的68.2%、对磷素的需求量占总需求量的67.6%、对钾素的需求量占总需求量的69.4%，是产量的主要形成期及养分需求期；进入转色期以后，生姜植株对氮、磷、钾的需求量分别占总需求量的35.0%、36.7%、28.4%。生姜整个生育期中对钾素的需求量最多，地上部茎叶的需求量为6 645.60毫克/株，地下部根茎的需求量为1 643.20毫克/株；其次是氮素，地上部茎叶的氮素需求量为3 001.46毫克/株，地下部姜块的氮素需求量为1 545.80毫克/株；

对磷素的需求最少，地上部茎叶的磷素需求量为 1 320.73 毫克/株，地下部姜块的磷素需求量为 1 545.80 毫克/株。地上部茎叶的氮、磷、钾需求比例为 2.2：1.0：5.0，地下部根茎的氮、磷、钾需求比例为 2.0：1.0：2.0。每生产 1 000 千克生姜需要从土壤中带走 6.1 千克氮、2.36 千克磷、9.4 千克钾。

王馨笙等（2010）对生姜不同生育时期的氮、磷、钾吸收特性研究结果如表 4-1 所示。生姜幼苗期虽占全生育期的 52.6%（103 天），但因生长量较小，对氮、磷、钾元素吸收速率较低，其相对吸收量分别为 24.2%、24.7% 和 23.9%；壮苗期生姜植株对氮、磷、钾的吸收速率较高，虽然仅持续 36 天，但其相对吸收量分别达 31.8%、29.8% 和 29.0%；根茎膨大期生姜植株对氮的吸收速率略有下降，但对钾的吸收速率有所增加，吸收量分别达 173.9 千克/公顷、72.8 千克/公顷和 288.5 千克/公顷，分别占全生育期的 44.0%、45.5% 和 47.1%。

表4-1　不同生育期生姜植株对氮、磷、钾的吸收特性

生育时期（天数）	吸收速率[千克/（公顷·天）]			吸收量（千克/公顷）			相对吸收量（%）			吸收比例氮:磷:钾
	氮	磷	钾	氮	磷	钾	氮	磷	钾	
幼苗期（103 天）	0.9	0.4	1.4	95.7	39.6	146.7	24.2	24.7	23.9	2.4：1.0：3.7
壮苗期（36 天）	3.5	1.3	4.9	125.4	47.8	177.3	31.8	29.8	29.0	2.6：1.0：3.7
根茎膨大期（57 天）	3.1	1.3	5.1	173.9	72.8	288.5	44.0	45.5	47.1	2.4：1.0：4.0
全生育期（196 天）	2.0	0.8	3.1	394.9	160.2	612.5	100.0	100.0	100.0	2.5：1.0：3.8

生姜不同生育时期对氮、磷、钾的吸收比例也不相同，幼

苗期的吸收比例为 2.4 : 1.0 : 3.7，而壮苗期和根茎膨大期则分别为 2.6 : 1.0 : 3.7 和 2.4 : 1.0 : 4.0。可见，随生长的进行，壮苗期生姜对氮、钾的吸收比例增加，而根茎膨大期氮的吸收比例降低，钾的吸收比例进一步提高。生姜全生育期吸收钾素最多，氮素次之，磷素最少，吸收比例为 2.5 : 1.0 : 3.8。根据生姜产量，通过进一步计算得出，每生产 1 000 千克生姜新鲜根茎，需从土壤中吸收氮 4.67 ~ 6.1 千克、磷 1.90 ~ 2.36 千克和钾 7.25 ~ 9.4 千克。

3. 不同种植模式下生姜的氮、磷、钾养分吸收规律

（1）不同种植模式下生姜的氮、磷、钾养分吸收量　针对设施和露地种植模式下的高产生姜氮、磷、钾养分吸收特性进行分析研究，其吸收量动态变化如图 4-3 所示。设施和露地生姜的氮吸收量动态变化与干物质积累规律基本一致。在第 1 次取样后，氮吸收量开始快速增加，这主要与生姜植株开始快速生长有关；至第 2 次取样时，设施和露地生姜植株氮吸收量分别为第 1 次取样时的 4.55 倍和 4.86 倍。之后进入发棵期和根茎膨大期，植株的氮吸收速率加快，至第 4 次取样时，设施和露地生姜植株氮吸收量分别达 5.05 克/株和 4.71 克/株，占整个生育期氮吸收量的 80.96% 和 79.49%。

设施和露地生姜磷吸收量随生育期的延长均表现出明显的线性增长趋势，其中设施和露地生姜磷吸收量在第 3 次取样时，已进入快速增加的阶段。至第 4 次取样时，设施生姜磷吸收量的增长趋势放缓，较前一阶段减少 37.89%，而露地生姜磷吸收量仍保持较明显的线性增长趋势，这可能与设施生姜磷吸收量较高，已满足其生长所需有关。

在整个生育期内，设施和露地生姜磷吸收量均与种植时间呈显著的线性相关关系（$r = 0.998\ 5$ 和 $r = 0.995\ 3$）。设施和露地生姜收获时的钾吸收量分别达 17.24 克/株和 13.56 克/株。

（2）不同种植模式下生姜的氮、磷、钾养分吸收速率　对生姜全生育期的氮、磷、钾吸收速率和吸收量进行分析，结果如

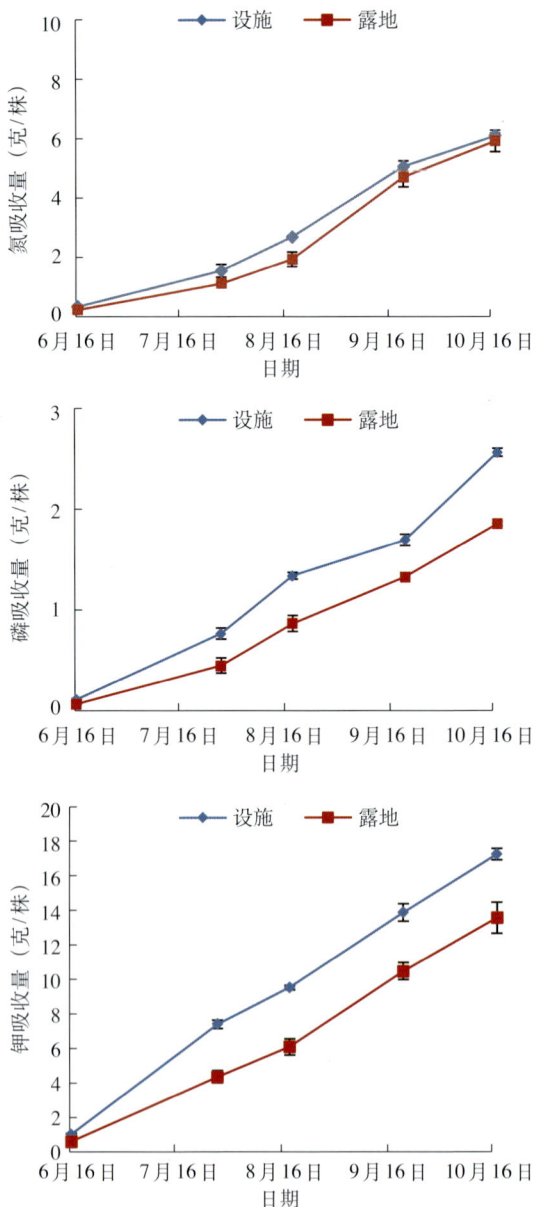

图4-3 生姜植株的氮、磷、钾吸收量动态变化情况

表4-2所示。生姜的发芽期较长，但生长较为缓慢，干物质积累量较小，因此对氮、磷、钾的吸收速率均相对较低。露地生姜发芽期的氮、磷、钾吸收量相对较低，与其定植时间晚于设施生姜有关。设施和露地生姜发芽期的氮、磷、钾吸收比例基本一致，分别为3.0：1.0：9.0和3.4：1.0：8.8，此时期养分吸收量较低，所需养分主要由姜母提供。

表4-2　生姜不同生育期的氮、磷、钾吸收特性

处理	生育时期（天数）	吸收速率[千克/(公顷·天)]			吸收量（千克/公顷）			相对吸收量（%）			吸收比例（氮：磷：钾）
		氮	磷	钾	氮	磷	钾	氮	磷	钾	
设施	发芽期（93天）	0.26	0.09	0.78	24.31	8.05	72.69	5.59	4.40	5.90	3.0：1.0：9.0
	苗期（42天）	2.05	1.11	10.83	86.23	46.76	454.99	19.82	25.53	36.96	1.8：1.0：9.7
	发棵期（21天）	3.90	1.95	7.23	81.89	40.89	151.77	18.83	22.33	12.33	2.0：1.0：3.7
	根茎膨大期（33天）	5.10	0.77	9.43	168.43	25.40	311.12	38.72	13.87	25.27	6.6：1.0：12.3
	转色期（27天）	2.74	2.30	8.91	74.10	62.06	240.53	17.04	33.88	19.54	1.2：1.0：3.9
	全生育期（216天）	2.01	0.85	5.70	434.96	183.16	1 231.09	100.00	100.00	100.00	2.4：1.0：6.7
露地	发芽期（73天）	0.23	0.07	0.59	16.54	4.89	42.97	3.91	3.68	4.44	3.4：1.0：8.8
	苗期（42天）	1.52	0.65	6.39	63.88	27.31	268.50	15.11	20.58	27.73	2.3：1.0：9.8
	发棵期（21天）	2.76	1.42	5.85	57.95	29.79	122.82	13.71	22.45	12.68	1.9：1.0：4.1

（续）

处理	生育时期（天数）	吸收速率[千克/（公顷·天）]			吸收量（千克/公顷）			相对吸收量（%）			吸收比例（氮：磷：钾）
		氮	磷	钾	氮	磷	钾	氮	磷	钾	
露地	根茎膨大期（33天）	5.99	1.00	9.51	197.63	32.98	313.70	46.76	24.85	32.40	6.0：1.0：9.5
	转色期（27天）	3.21	1.40	8.16	86.70	37.76	220.34	20.51	28.45	22.75	2.3：1.0：5.8
	全生育期（196天）	2.16	0.68	4.94	422.70	132.73	968.34	100.00	100.00	100.00	3.2：1.0：7.3

苗期生姜植株生长加速，对氮、磷、钾的吸收速率迅速提高，设施条件下的氮、磷、钾吸收速率分别为苗期的7.85倍、12.86倍和13.86倍，此阶段的氮、磷、钾吸收量占全生育期的比例分别为19.82%、25.53%和36.96%；与设施条件下相比，露地生姜的氮、磷、钾吸收速率均较低，但氮、钾吸收比例略高。设施和露地生姜苗期的氮、磷、钾吸收量均较发芽期明显增加，有效促进了根系发育和植株生长，从而为根茎膨大期的养分吸收和干物质积累提供保障。

由于壮苗期植株的快速生长，生姜对氮、磷的吸收速率均明显增加，其中设施生姜对氮、磷的吸收速率分别为苗期的1.90倍和1.75倍，露地生姜对氮、磷的吸收速率分别为苗期的1.81倍和2.18倍。根茎膨大期，生姜植株对氮的吸收速率最高，设施和露地生姜分别为5.10千克/（公顷·天）和5.99千克/（公顷·天）；此阶段为生姜吸收氮的主要时期，设施和露地生姜在该阶段的氮吸收量占全生育期的比例分别为38.72%和46.76%。此外，设施和露地生姜在根茎膨大期对钾也存在一个吸收高峰，此阶段对钾的吸收量占全生育期的比例分别为25.27%和32.40%。设施和露地生姜对磷的吸收高峰均在转色期内，相对吸收量分别达33.88%和28.45%。

研究表明，氮素增加可促进植株生长，延缓叶片衰老，延长叶片的功能期；而钾素增加则能增强植株光合作用和相关酶活性，加速碳水化合物向产品器官运输，从而促进产品器官膨大。本试验中的设施和露地生姜全生育期的氮、磷、钾吸收比例分别为2.4：1.0：6.7和3.2：1.0：7.3，其中钾的吸收比例较王馨笙（2010）的研究结果大幅增加。此外，设施和露地生姜收获时，单株对氮、磷和钾的吸收量平均值分别为6.01克/株、2.21克/株和15.40克/株，其中氮、钾的平均单株吸收量较王馨笙等（2010）研究分别增加6.56%和76.00%，这可能正是生姜产量大幅增长的原因，但近年来高钾型水溶肥的大量推广应用，是否造成钾素的奢侈吸收仍有待进一步研究。

优化施肥条件下，增产效果显著（图4-4），其中设施鲜姜产量为180.46吨/公顷，每生产1 000千克鲜姜的氮、磷、钾吸收量分别为2.41千克、1.01千克和6.82千克；露地鲜姜产量为172.47吨/公顷，每生产1 000千克鲜姜的氮、磷、钾吸收量分别为2.45千克、0.77千克和5.61千克。设施和露地生产1 000千克鲜姜所

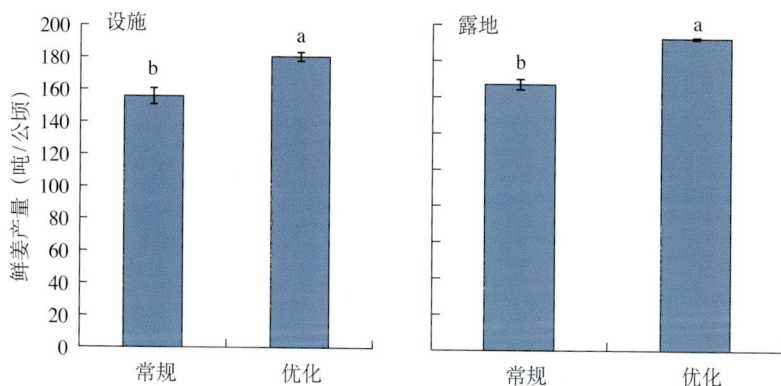

图4-4　不同施肥条件下鲜姜的产量情况
注：图中不同小写字母表示处理间在95%水平上存在显著差异。

吸收的养分量均低于王馨笙（2010）在84.5吨/公顷产量水平下的研究结果，这可能与生姜品种不同（李录久等，2009）及生姜成倍增产所造成的养分含量稀释作用有关，但相关性仍需进一步研究。

4. 高产条件下生姜对中微量元素的吸收特性

在山东昌邑地区高产模式下（亩产9 000千克），生姜追肥的氮素形态比例为硝态氮∶铵态氮＝1∶1时，生姜植株对中微量元素的吸收量均在发棵期开始快速增加，其中对钙、镁元素的吸收量远高于其他微量元素，且两种元素在姜秸秆中的积累量自发棵期开始均显著高于姜块；生姜收获时，姜秸秆中的钙、镁吸收量分别占单株吸收量的86.62%和66.11%。

微量元素中，铁和锰的单株吸收量明显高于其他元素，在根茎膨大期，姜秸秆中的铁、锰含量呈快速增长的趋势，至生姜收获时，姜秸秆中的铁、锰元素吸收量分别达全株吸收量的60.38%和75.50%。生姜植株对于锌、硼和铜的吸收量相对较低，至生姜收获时的全株吸收量分别为8.44毫克、4.39毫米和0.83毫克，3种元素在姜秸秆中的积累量亦均高于姜块，分别占全株吸收量的75.82%、99.09%和62.60%。

对生姜不同生育期的中微量元素吸收特性进行分析，结果如表4-3所示。生姜对中微量元素的吸收速率自苗期快速提高，其中钙和镁的吸收速率在整个生育期内均明显高于其余微量元素。全生育期元素吸收量自大到小依次为钙、镁、锰、铁、锌、硼和铜，其中对钙的吸收量为78.90千克/公顷。生姜在不同生育期对中微量元素的吸收比例相差较大，但在转色期的吸收比例远高于其他时期，这可能与中微量元素多为品质影响元素有关。生姜苗期对于铁的吸收量和吸收比例相对较高，因此在底肥时可适当添加含铁的肥料。生姜全生育期内的钙、镁、锰、铁、锌、硼和铜吸收比为100.00∶55.03∶10.46∶8.29∶0.74∶0.38∶0.07。

表4-3 生姜中微量元素吸收特性

吸收指标	微量元素种类	发芽期(67天)	苗期(40天)	发棵期(35天)	根茎膨大期(31天)	转色期(19天)	全生育期(192天)
吸收速率[克/(公顷·天)]	钙	17.38	92.08	483.01	405.65	2 345.83	390.59
	镁	14.14	112.44	299.05	116.06	1 258.50	214.96
	铁	5.40	37.71	14.70	47.28	141.74	32.39
	锰	0.67	8.52	44.87	45.08	258.03	40.87
	铜	0.02	0.12	0.48	0.02	1.76	0.28
吸收速率[克/(公顷·天)]	锌	0.12	1.15	0.52	2.98	21.96	2.88
	硼	0.06	0.34	2.22	0.06	10.83	1.50
吸收量(克/公顷)	钙	1 164.58	3 683.24	16 905.39	12 575.13	44 570.83	78 899.18
	镁	947.35	4 497.72	10 466.62	3 597.97	23 911.52	43 421.18
	铁	361.58	1 508.53	514.58	1 465.71	2 693.13	6 543.53
	锰	45.16	340.82	1 570.52	1 397.42	4 902.62	8 256.54
	铜	1.51	4.87	16.75	0.61	33.52	57.26
	锌	8.26	46.13	18.12	92.48	417.31	582.30
	硼	3.75	13.53	77.78	1.93	205.83	302.82
相对吸收量(%)	钙	1.48	4.67	21.43	15.94	56.49	100.00
	镁	2.18	10.36	24.10	8.29	55.07	100.00
	铁	5.53	23.05	7.86	22.40	41.16	100.00
	锰	0.55	4.13	19.02	16.92	59.38	100.00
	铜	2.64	8.50	29.25	1.07	58.54	100.00
	锌	1.42	7.92	3.11	15.88	71.67	100.00
	硼	1.24	4.47	25.68	0.64	67.97	100.00

（续）

吸收指标	微量元素种类	发芽期（67天）	苗期（40天）	发棵期（35天）	根茎膨大期（31天）	转色期（19天）	全生育期（192天）
吸收比	钙	1.48	4.67	21.43	15.94	56.49	100.00
	镁	81.35	122.11	61.91	28.61	53.65	55.03
	铁	31.05	40.96	3.04	11.66	6.04	8.29
	锰	3.88	9.25	9.29	11.11	11.00	10.46
	铜	0.13	0.13	0.10	0.00	0.08	0.07
	锌	0.71	1.25	0.11	0.74	0.94	0.74
	硼	0.32	0.37	0.46	0.02	0.46	0.38

注：生姜种植密度按照69 000株/公顷计。

三、主要营养元素在生姜植株不同部位的含量

1.大量元素在生姜植株中的含量

王馨笙（2010）对大量元素氮、磷、钾在生姜植株不同部位的养分含量进行了系统研究，具体结果如下。

（1）氮在生姜植株中的含量　生姜各器官中的整体氮含量从高到低依次为侧枝叶＞主枝叶＞姜块＞侧枝＞主枝＞根。生姜植株不同器官的氮含量差异显著，在根系中较低，在叶片及根茎中较高，茎居中，除根系外，茎、叶及根茎的氮含量均随生长进行逐渐降低（图4-5），以根茎膨大期降幅较大，分别达23.0%、17.9%和27.8%。

（2）磷在生姜植株中的含量　磷含量的变化趋势与氮含量不同，除苗期外，生姜各器官中的磷含量从高到低依次为侧枝＞侧枝叶＞姜块＞主枝叶＞主枝＞根。磷含量以根茎较高，根次之，茎、叶较低，但根系磷含量在全生育期内变化较小，茎、叶及根茎则在进入发棵期后逐渐降低（图4-6），根、茎、叶及根茎的降

幅分别为 9.9%、40.6%、30.4% 和 43.5%。

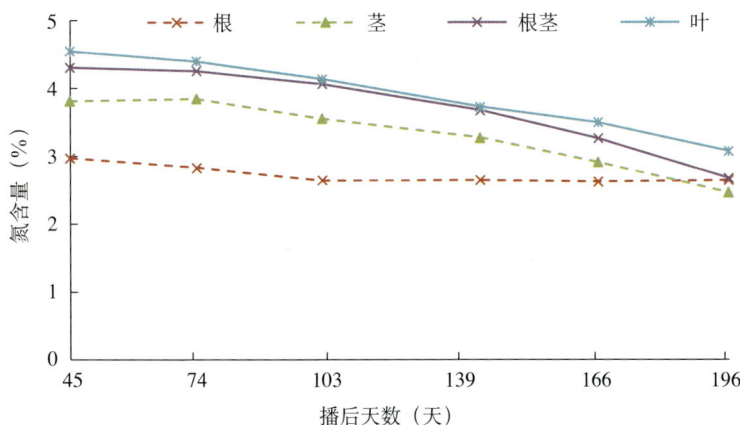

图4-5　生姜各器官在不同生育期的氮含量

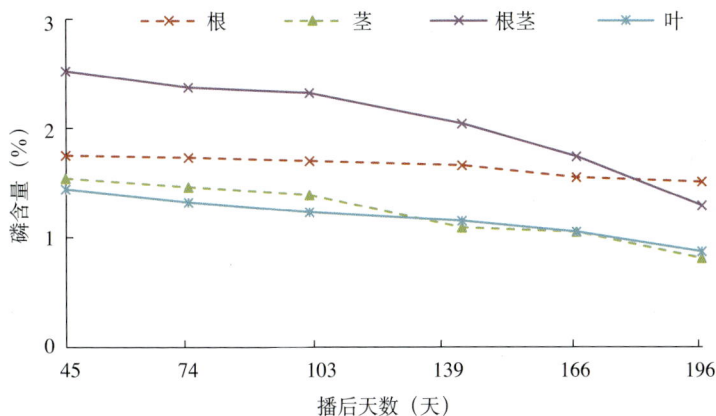

图4-6　生姜各器官在不同生育期的磷含量

　　(3) 钾在生姜植株中的含量　生姜各器官中的钾含量除根内稳定在 4%～5% 外，其余器官均变化较大 (图4-7)，总体从高到低依次为侧枝＞主枝＞姜块＞侧枝叶＞主枝叶 (杨先芬，2001)。

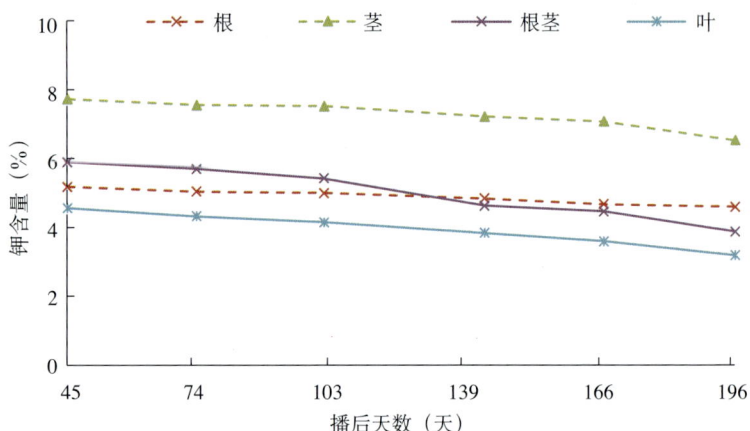

图4-7 生姜各器官在不同生育期的钾含量

2. 中微量元素在生姜植株中的含量

研究表明生姜产量水平在75 ~ 85吨/公顷条件下时，钙、镁、硼、锌在各器官中含量的变化较为复杂。钙的含量在主枝及主枝叶内随生育时期的推进迅速升高，根内钙含量除苗期骤降外基本稳定，各器官中的钙含量从高到低依次为主枝＞主枝叶＞侧枝叶＞侧枝＞根＞姜块。镁的含量以叶为最高，呈单峰曲线变化；主枝内的镁含量基本稳定，而块茎中的镁含量随生长期延长明显下降。各器官中的硼含量随生长进行均急剧下降，但不同生长期各器官中的硼含量从高到低的顺序不同，旺盛生长期为侧枝＞侧枝叶＞主枝＞根＞主枝＞姜块。各器官中的锌含量除主枝变化较大外，其他器官变化均较小，锌含量高低顺序为侧枝叶＞侧枝＞根＞姜块＞主枝叶＞主枝。

生姜吸收氮、磷、钾后，首先向生长中心分配；它们在根部的分配较稳定，一般占整株吸收量的5%以下，茎、叶、姜块共占95%以上。生姜幼苗期的钙主要分配于主枝叶及主枝中，占总吸收量的58.82%；镁在主枝叶中的分配量占34.03%，在其他器官中的分配基本均衡；硼在主枝叶及侧枝中分配较多；锌主要分配于主枝叶及姜块中。旺盛生长期，钙主要流向侧枝叶及侧枝中，镁流向侧枝和块茎，硼、

锌在姜块、侧枝叶及侧枝中的分配差异不大。收获期，钙、镁主要
分配于姜块、侧枝叶及侧枝中，约占总吸收量的73.96%和84.32%；
硼、锌主要分配于姜块中，分别占总吸收量的60.97%和46.21%。

在山东昌邑地区高产模式下（生姜产量120 ~ 135 吨/公顷）
进行的生姜氮素追肥形态研究分析了7种中微量元素在姜块和姜
秸秆（地上部）中的含量变化，具体如图4-8所示。整体而言，在
生姜生育期内，姜块和姜秸秆中的钙、镁含量明显高于其他元素，

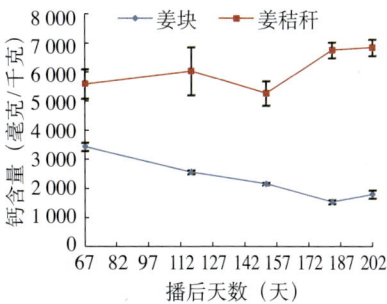

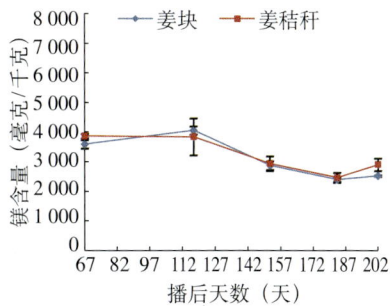

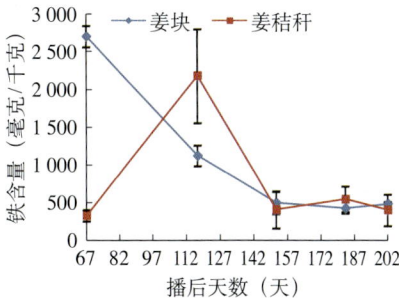

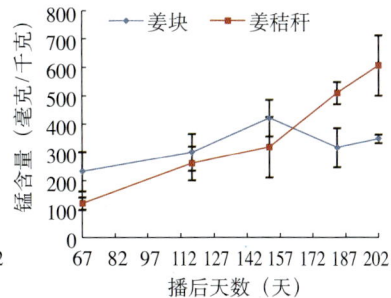

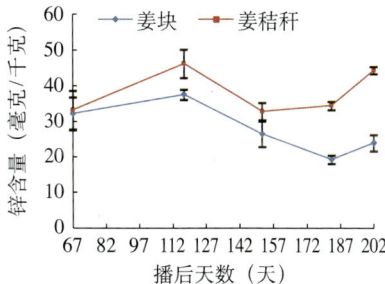

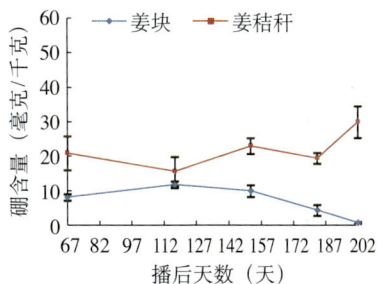

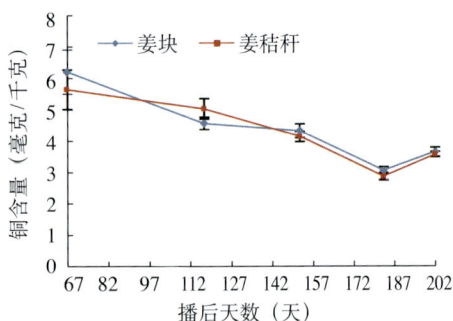

图4-8 生姜生育期内中微量元素含量变化

一直保持在较高的水平。整个生育期内，姜秸秆中的钙含量保持在5 000 ～ 7 000毫克/千克；姜块中的钙含量显著低于姜秸秆，为1 500 ～ 3 500毫克/千克。姜块和姜秸秆中的镁含量在整个生育期内均相差不大，整体呈随生长进行而逐渐降低的趋势。

姜块中的铁元素含量在生育初期显著高于姜秸秆，随生育时期的推进呈下降趋势，在生育中后期与姜秸秆中的含量基本相同。锰在姜块和姜秸秆中的含量随生育时期的推进而逐渐增加，且姜秸秆中的锰元素在旺盛生长后期快速富集，其含量在第160天左右时超越姜块。姜秸秆中锌和硼元素的含量在生姜整个生育期内均高于姜块，但在植株体内的含量远低于钙、镁、铁、锰。生姜植株体内铜含量的变化规律与镁相似，即总体呈下降的趋势，但在姜块和姜秸秆中相差不大。收获时姜秸秆中的钙、镁、锰、锌、硼含量明显高于姜块，而铁和铜在姜秸秆和姜块中的含量差异不大，姜块中含量略高。

第二节　生姜测土配方施肥技术

一、生姜测土配方施肥方法

作物要长好，营养要均衡。测土配方施肥就是先化验土壤，了解土壤本身的供肥能力，再确定合理的施肥配方和用量，实现各种养分均衡供应，最大限度地发挥施肥效果，肥料用量少且利用率高，节省劳力和成本，增加产量。

配方施肥的优势有提高产量、减少浪费、节约成本、保护环境、改善农作物品质、培肥土壤、改善土壤肥力等。

目前，我国配方施肥的方法归纳起来有3大类：第一类，地力分区（级）配方法；第二类，目标产量配方法，其中包括养分平衡法和地力差减法；第三类，田间试验配方法，其中包括养分丰缺指标法、肥料效应函数法和氮磷钾比例法。生姜施肥主要参照第二类配方施肥方法，具体介绍如下。

1.养分平衡法

即以实现作物目标产量所需养分量与土壤供应养分量的差额作为施肥的依据，以达到养分收支平衡为目的，以土壤养分测定值来计算土壤供肥量。

肥料需要量可按照下列公式计算：

肥料需要量 =（作物吸收量 - 土壤供肥量）/肥料养分含量 ×
肥料当季利用率

式中，作物吸收量 = 作物单位吸收量 × 目标产量，土壤供肥量 = 土壤测定值 × 校正系数，土壤养分测定值以毫克/千克表示，一般校正系数取0.3。

这一方法的优点是概念清楚，容易掌握。缺点是由于土壤具有缓冲性能，土壤养分处于动态平衡状态，因此，土壤养分测定值是一个相对量，不能直接计算出土壤供肥量，通常要通过试验取得"校正系数"加以调整。

2.地力差减法

目标产量减去空白产量，就是施肥后增加的产量。作物在不施用任何肥料的情况下所得的产量即为空白产量，它所吸收的养分，全部来自土壤。

按下列公式计算肥料需要量：

肥料需要量 = [作物单位产量养分吸收量 ×（目标产量 - 空白
产量）]/肥料养分含量 × 肥料当季利用率

这一方法的优点是不需要进行土壤测试，避免了养分平衡法的缺点，但缺点是空白产量不能预先获得，给推广带来了困难。同时，空白产量是构成产量诸因素的综合反映，无法代表若干营养元素的丰缺情况，只能以作物吸收量来计算需肥量。

表4-4为常见肥料种类的养分含量及当季利用率。

表4-4 常见肥料种类的养分含量及当季利用率

名称	养分含量（%）			当季利用率（%）		
	氮	磷	钾	氮	磷	钾
牛粪	0.32	0.25	0.16	25	20 ~ 30	50 ~ 60
猪粪	0.56	0.40	0.44	10 ~ 14	5 ~ 10	50 ~ 60
羊粪	0.56	0.47	0.23	20 ~ 25	15 ~ 20	50 ~ 60
复合肥	15.00	15.00	15.00	30 ~ 35	20 ~ 25	35 ~ 40
水溶肥	20.00	20.00	20.00	80	80	80
商品有机肥	2.00	2.00	1.00	100	100	100

二、生姜测土配方施肥技术参数

1.百千克干物质的养分吸收量

百千克干物质的养分吸收量是指生产100千克干物质（经济作物）作物所需要的养分吸收量，通过文献查阅统计，生姜百千克干物质养分吸收量见表4-5。

表4-5 生姜百千克干物质的养分吸收量

区域	来源	项目	氮（千克）	磷（千克）	钾（千克）	钙（千克）	镁（千克）	硼（克）	锌（克）
山东安丘	试验数据	数量	72.00	72.00	72.00				
		均值	4.50	2.13	8.48				
		变异	3.70 ~ 5.18	1.82 ~ 2.46	7.27 ~ 9.47				

（续）

区域	来源	项目	氮（千克）	磷（千克）	钾（千克）	钙（千克）	镁（千克）	硼（克）	锌（克）
山东莱芜	徐坤1992—2008年数据	数量	4.00	4.00	4.00	1.00	1.00	1.00	1.00
		均值	6.89	0.68	8.61	1.62	1.70	4.70	12.35
		变异	5.84～7.94	0.30～1.04	7.50～9.60				
淮海平原	李录久2004—2008年数据	数量	3.00	3.00	3.00	1.00	1.00	1.00	1.00
		均值	4.19	1.42	6.29	0.14	0.52	9.40	22.52
		变异	4.00～6.50	0.80～2.01	4.74～7.60				

　　研究南方生姜较多的学者以李录久教授为主，北方生姜以徐坤教授为主。徐坤教授主要研究山东生姜主产区之一莱芜的莱芜姜，李录久教授以淮海平原的主栽品种狮头姜为主要研究对象，本课题组以山东另一生姜主产区安丘的安丘姜为研究对象。据徐坤1992—2008年的研究数据，百千克生姜干物质的养分吸收量为氮5.84～7.94千克、磷0.30～1.04千克、钾7.50～9.60千克，氮、磷、钾的吸收比例约为10∶1∶12。据李录久2004—2008年对狮头姜的研究数据，其百千克干物质的养分吸收量为氮4.00～6.50千克、磷0.80～2.01千克、钾4.74～7.60千克，氮、磷、钾的吸收比例约为3.0∶1.0∶4.5。安丘生姜百千克干物质中氮、磷、钾的吸收量分别为4.50千克、2.13千克、8.48千克，吸收比例约为2∶1∶4。生姜对微量元素的吸收量差异很大，莱芜姜对钙、镁的吸收量明显高于狮头姜，但狮头姜对硼、锌的吸收量明显高于莱芜姜。收获指数、干物质含量、养分含量等指标是影响生姜养分吸收量的主要因子。

2.土壤养分供应规律（以氮素为例）

　　（1）不施氮小区的生姜氮吸收总量　1990年莱芜姜的产量

为28.0吨/公顷，每1 000千克生姜的氮吸收量为3.84千克,安丘姜2009—2011年的产量为35.9吨/公顷，折算每1 000千克生姜的氮吸收量为3.25千克。安徽狮头姜2000年的产量为30.0吨/公顷，氮吸收量为108.9千克/公顷，2007年狮头姜产量为35.0吨/公顷，氮吸收量为147.9千克/公顷，2007年与2000年相比，产量提高16.7%，氮吸收量增加35.8%。不施氮小区的产量受土壤基础地力和当时的产量水平影响较大（表4-6）。

表4-6　不施氮小区的产量和氮吸收量

地点、年份	样本量	产量（吨/公顷）	氮吸收量（千克/公顷）
山东安丘2009—2011年	9	35.9	116.7
山东莱芜1990年	3	28.0	107.6
安徽2000年	3	30.0	108.9
安徽2007年	3	35.0	147.9

（2）作物关键生育期的土壤N_{min}（无机氮含量）状况　以2010年的试验为例，生姜生长过程中取表层土测试N_{min}，生姜全生育期一般施肥4次，种植前施肥，出苗期结束开始第一次追肥，到壮苗期结束追第二次肥，到9月上旬生姜进入盛长中期时追第三次肥。由表4-7可知，收获后表层土壤N_{min}明显高于种植前N_{min}，其30～60厘米土层和60～90厘米土层的N_{min}也要高于种植前，说明生姜收获后过量施肥导致土壤产生了氮素积累。出苗期结束时土壤N_{min}与种植前基本持平，表示应该追肥了，而壮苗期结束时土壤N_{min}依然与种植前接近，说明上次的追肥基本刚好满足了作物的需求，盛长前期的N_{min}值最低，明显低于前面几个时期，说明第二次追肥时施肥不足，无法满足生姜对氮素的需求，而盛长中期土壤的N_{min}值又明显增加，说明第三次追肥时施肥过量导致土壤N_{min}急增。

表4-7 关键生育时期不同土层 N_{min} 状况（毫克/千克）

土层	种植前	出苗期	壮苗期	盛长前期	盛长中期	收获期
0～30厘米	21.40	21.09	22.65	15.64	29.78	33.66
30～60厘米	18.13					21.74
60～90厘米	16.94					18.69

3.土壤中磷和钾的供应规律

山东两个主产区虽然土壤类型不同，但土壤的磷、钾含量基本相同（表4-8）。莱芜生姜以壤土种植为主，安丘生姜以潮土种植为主，但土壤中磷、钾的含量基本相同，土壤中有效磷含量在65毫克/千克左右，交换性钾含量在130毫克/千克左右。安徽临泉以种植狮头姜为主，土壤类型为砂姜黑土，土壤中有效磷、交换性钾含量都明显低于山东地区，其有效磷含量为21毫克/千克，交换性钾含量为73毫克/千克。

表4-8 土壤表层磷、钾养分的含量

地点	土壤类型	样本量	有效磷(毫克/千克)	交换性钾(毫克/千克)
山东安丘	潮土	27	63.5	130.0
山东莱芜（徐坤）	壤土	12	65.0	130.0
安徽临泉（李录久）	砂姜黑土	21	21.0	73.0
汇总		60	48.9	110.0

三、土壤样品采集技术

为了获得代表性强的样品，在采样前必须进行布点，在典型区、典型地块采样。

1.布点原则与依据

一般样品布点要突出广泛性、代表性，兼顾均匀性；一般每县设置用于生姜测土配方施肥、指导农民科学施肥的土样采集点4 000～6 000个，平均每个点代表面积50～80亩。在土地利用现状图上，勾绘姜地分布图，再与土壤图叠加，形成评价单元；根据总采样点数量，计算平均每个点代表的面积，初步确定各评价单元的采样点数；在各评价单元中，根据图斑大小、蔬菜地类型、产量水平或种菜年限等因素，确定采样点的布点数量和点位，并在图上标注采样编号，形成点位图。

2.采样方法

在上茬作物收获后，生姜种植茬整地施肥前采样。根据点位图，到点位所在的村庄，确定具有代表性的地块采样，耕层采样深度0～30厘米，亚耕层采样深度30～60厘米，采用S形取样法，采集15～20个点，按照沟、垄面积比例确定沟、垄取土点位的比例和数量（图4-9），土样充分混合后，四分法留取1千克，填写两张标签，内外各具。用GPS定位仪进行准确定位，修正原点位，并在图上准确标注。

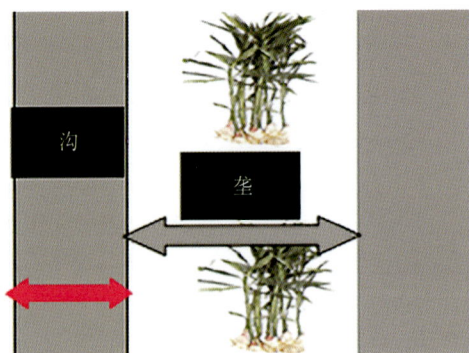

图4-9　沟、垄面积比例法（沟、垄比例3:7）

3.分析测试

土壤地力样品分析项目：全氮、碱解氮、全磷、全钾、速效钾、有效磷、有机质、pH、有效锌、有效硼、有效钼、有效铜、有效铁、有效锰、交换性钙、交换性镁、有效硫、盐分（盐碱土）、土壤容重。检验方法见表4-9。

表4-9　土壤样品分析项目及测定方法

土壤理化性质		灌溉水样品	
分析项目	测定方法	分析项目	测定方法
土壤容重	环刀法	硝酸盐氮	酚二磺酸分光光度法
pH	玻璃电极法	矿化度	重量法
有机质	重铬酸钾-硫酸溶液-油浴法	总磷	钼酸铵分光光度法
有效磷	碳酸氢钠提取-钼锑抗比色法	总汞	冷原子吸收分光光度法
速效钾	乙酸铵提取-火焰光度法	铜、锌、铅、镉	原子吸收分光光度法
全氮	半微量开氏法	总砷	二乙基二硫代氨基甲酸银分光光度法
碱解氮	碱解扩散法		
缓效钾	硝酸提取-火焰光度法	六价铬	二苯碳酰二肼分光光度法
有效铜、锌、铁、锰	DTPA提取-原子吸收光谱法	镍	火焰原子吸收分光光度法
有效钼	草酸-草酸铵提取-极谱法	化学需氧量(COD)	重铬酸盐法
水溶性硼	甲亚胺-姜黄素比色法	悬浮物	重量法
有效态硫	磷酸盐-乙酸提取法、硫酸钡比浊法		
有效硅	柠檬酸浸提-硅钼蓝比色法		
交换性钙、镁	原子吸收光谱法		
铅、镉	石墨炉原子吸收光谱法		

（续）

土壤理化性质		灌溉水样品	
分析项目	测定方法	分析项目	测定方法
总汞	冷原子吸收光谱法		
总砷	二乙基二硫代氨基甲酸银分光光度法		
总铬	火焰原子吸收光谱法		
镍	火焰原子吸收光谱法		
六六六、滴滴涕	气相色谱法		

注：植株样品中，全氮使用凯氏蒸馏法测量，全磷使用氢氧化钠熔融-钼锑抗比色法测量，全钾使用氢氧化钠熔融-火焰光度计法测量。

4.化验室质量控制

为了确保土壤检测质量，可从化验室环境条件、人力资源、计量器具、设备设施等方面进行控制。

（1）化验室环境条件的控制　化验室环境条件要求：环境温度15～35℃，空气相对湿度20%～75%，电源电压220伏±11伏，接地良好；仪器室噪声小于55分贝，工作间噪声小于70分贝，含尘量小于0.28毫克/米³；天平室、仪器室振动应在4级以下，振动速度小于0.20毫米/秒；如果有特殊仪器设备、特殊样品试剂，应满足其各自的操作条件与要求。

（2）对检测技术能力的控制　按照土壤检测工作量的要求，安排相应的专业技术人员，通常化验室要求配备3～5人，其中1人必须具有相应专业的本科学历或达到中级以上专业技术水平。化验室计量仪器设备按要求进行计量检定，特别是影响检测质量较大的电子天平、小容量玻璃量器（容量瓶、滴定管、移液管）等应按检定周期要求，到有检定资质的计量部门进行检定。

（3）检测方法的选择　土壤统一采用全国农业技术推广服务

中心推荐的《土壤分析技术规范》(第二版)进行检测。标准滴定溶液制备要求按照《化学试剂 标准滴定溶液的制备》(GB/T 601—2016)中的方法进行标准配制、标定、使用和保存。空白试验平行测定的相对差值一般不应大于50%。通常情况下,土壤样品需做10%~30%的平行,5个样品以下的,应增加为100%的平行。平行测试结果符合规定的允许差,最终结果以其平均值报出,如果平行测试结果超过规定的允许差,需再加测一次,取符合规定允许差的测定值报出。如果多组平行测试结果超过规定的允许差,应考虑整批重做。

(4)检测结果的合理预判 质量管理中还要求各化验人员对检测结果的合理性进行预判,主要是结合土壤元素(养分含量)的水平空间分布规律与垂直分布规律、土壤元素(养分含量)与成土母质的关系、土壤元素(养分含量)与地形地貌的关系、土壤元素(养分含量)与利用状况的关系、各检测项目之间的相互关系等进行预判。

根据土壤测试结果,可以按表4-10对土壤养分丰缺状况作初步判断。

表4-10 土壤地力养分丰缺指标

分级	全氮 (克/千克)	全磷 (克/千克)	全钾 (克/千克)	有机质 (克/千克)	水解氮 (毫克/千克)	有效磷 (毫克/千克)	速效钾 (毫克/千克)
甚缺乏	<0.3	<0.4	<6.0	<5.0	<30.0	<5.0	<50.0
缺乏	0.3~0.8	0.4~0.8	6.0~10.0	5.0~15.0	30.0~60.0	30.0~60.0	50.0~80.0
中等	0.8~1.6	0.8~1.2	10.0~15.0	15.0~30.0	60.0~90.0	60.0~90.0	80.0~150.0
丰富	1.6~3.0	1.2~1.8	15.0~25.0	30.0~50.0	90.0~120.0	90.0~120.0	150.0~200.0
甚丰富	>3.0	>1.8	>25.0	>50.0	>120.0	>80.0	>200.0

北方生姜绿色高效施肥关键技术

第一节 生姜专用配方肥/套餐肥应用技术

　　根据生姜的养分需求规律、干物质积累规律、土壤养分供应状况和肥料利用率而设计的肥料称为配方肥。配方拟定主要考虑土壤养分状况、作物养分吸收规律、产量管理水平、田间试验结果及农民施肥习惯等因素，使农民在选购和使用肥料时，既方便操作，又易与其他措施配套。实际施肥量介于理论需要量和农民习惯施肥量之间，让农民易于接受，提高可操作性。

一、生姜配方肥技术

1.配方设计

　　根据生姜养分吸收规律，设计出高效经济的配方肥。设计目标产量8 000千克/亩，根据文献资料，每生产1 000千克鲜姜需从土壤中吸收氮4.6～6.1千克、磷1.9～2.5千克、钾7.2～11.4千克，全生育期氮、磷、钾的吸收比例为2.5∶1.0∶4.0，钾最多、氮次之、磷最少。目标产量下生姜养分吸收量为：氮＝8 000×5.3/1 000＝42.4千克；磷＝8 000×2.2/1 000＝17.6千克；钾＝8 000×9.3/1 000＝74.4千克。

根据文献资料，氮、磷、钾肥的利用率分别为27.80％～31.14％、16.80％～22.03％和31.27％～36.24％，分别取30％、20％、34％进行计算。由于多年的精耕细作，加上各地土壤养分含量及农民习惯的有机肥施用量差异较大，因此在设计配方肥时仅考虑以化学肥料供应作物生长所需的全部氮、磷、钾等养分，即施用氮42.4千克、磷17.6千克、钾74.4千克，总体氮∶磷∶钾＝2.4∶1.0∶4.2。

生姜专用肥一般为高浓度大量元素复合肥料。根据《复合肥料》（GB/T 15063—2020），氮、磷、钾养分含量应大于等于40％，水溶性磷占有效磷比率应大于等于60％，水分含量应小于等于2％。而市场调查结果显示，农户所选肥料总养分含量为40％～45％。

生姜不同生育期所需要的养分不同。幼苗期是生姜萌芽、展叶及新梢等营养器官的快速生长时期，需要大量氮素，因此适合高氮低磷；旺盛生长期是生姜迅速膨大期，再往后是品质形成关键期，为了避免贪青晚熟和促进着色，需要控氮，提高钾的比例，此期适合中氮低磷高钾。随着生长时期的推进，钾的吸收比例略有下降，氮的吸收比例有所上升，故养分分配比例如下：基肥为氮肥50％、磷肥50％、钾肥40％；追肥为氮肥50％、磷肥50％、钾肥60％。即基肥为氮肥21.2千克、磷肥8.8千克、钾肥29.76千克，肥料配比为14∶6∶20，肥料推荐用量为140～160千克/亩；追肥为氮肥21.2千克、磷肥8.8千克、钾肥44.64千克，肥料配比为12∶5∶25，肥料推荐用量为170～180千克/亩。考虑到春季低温少雨干旱，建议基肥添加速效的硝态氮，硝态氮∶铵态氮＝3∶7，追肥以酰胺态氮为主。

硼的作用是将叶片制造的糖分向果实运输，当作物缺硼时，叶片制造的糖分不能输送到果实，糖分就近储存，此时表现出来的症状为叶片肥厚、茎秆粗壮、果实不长，如黄瓜空心、萝卜裂口等，而在生姜上的表现就是姜块裂口。土壤增施硼和锌，能促进生姜生长发育，使植株株高增加、分枝数增多，姜球大而圆，表皮鲜艳有光泽、品质好，因此建议配方肥中硼、锌添加量分别为0.02%和0.04%。

镁是叶绿素的组成成分，对植物的光合作用有重要作用。镁离子是多种酶的活化剂，可以促进作物对硅和磷的吸收，从而提高作物抗病能力，还能促进作物体内维生素A、维生素C的形成。建议配方肥中氧化镁添加量为0.8%。

生姜缺钙初期，植株生长矮小，其生长点和幼根生长受阻，新生叶片边缘出现白色斑纹和锯齿状不规则横向开裂；新叶分泌透明胶质，相邻幼叶的叶尖相互粘连在一起，使得新叶抽出困难，不能正常伸展，卷筒状下弯呈牛尾状，严重时老叶尖端也出现棕色焦枯，发病植株幼根畸形，根尖坏死，和正常植物的根系相比根系体量小，新根极少，老根发褐，整个根系明显变小。建议配方肥中氧化钙的添加量为0.3%。

2.配方提升

在生姜配方基肥和追肥中添加5%的水溶性腐植酸，腐植酸可以增加土壤有机质，改善土壤碳氮比，提高生姜的养分吸收能力，提升姜球品质。

3.使用方法

正确地使用配方肥产品是发挥肥料效果的重要保证。生姜在萌芽期的生长主要依靠姜块的贮藏营养，而幼苗期的生物量相对较小，对养分的吸收量少，因此这两个时期内应少施甚至不施肥；自幼苗期结束，至旺盛生长前期，应重视补充氮肥和磷肥，以促进地上部茎叶的生长，因此在基肥时可结合有机肥施入50%的氮肥和磷肥，将有机肥、化肥与土壤混合后施入。但在较肥沃的土壤上应注意减施或少施化肥，并避免将化肥作为种肥造成烧根。此外，沙质土壤中，应注意施肥与灌溉结合，以免漏水漏肥。

4.使用效果

2018年在潍坊开展了生姜专用配方肥及配方提升效果验证小区试验，处理及施肥方法见表5-1，试验地点土壤基本养分含量见表5-2。

表5-1　不同处理的施肥方法

施肥时间	农民习惯 (46.75-23.25-71.25)		配方肥 (39.8-16.75-73.75)		配方提升 (39.8-16.75-73.75 + 腐植酸)	
	施肥类型	施肥量 (千克/亩)	施肥类型	施肥量 (千克/亩)	施肥类型	施肥量 (千克/亩)
3月底 (底肥)	有机肥	200	有机肥	200	有机肥	200
	复合肥 (17-17-17)	50	基肥配方 (14-6-20)	100	基肥配方 (14-6-20)	100
					腐植酸	7.5
4月初	有机肥	160	有机肥	160	有机肥	160
4月下旬	复合肥 (15-5-25)	15	生根剂	5	生根剂1	5
5月初	复合肥 (15-5-25)	15	生根剂	5	追肥配方 (12-5-25)	10
5月中旬	复合肥 (15-5-25)	15	追肥配方 (12-5-25)	10	追肥配方 (12-5-25)	10
6月初	复合肥 (15-5-25)	30	追肥配方 (12-5-25)	10	追肥配方 (12-5-25)	10
6月下旬 (小培)	复合肥 (15-5-25)	40	追肥配方 (12-5-25)	60	追肥配方 (12-5-25)	60
	商品有机肥	160	商品有机肥	160	商品有机肥	160
7月初 (与上次左右交替)	商品有机肥	160	商品有机肥	160	商品有机肥	160
	复合肥 (15-5-25)	40	追肥配方 (12-5-25)	60	追肥配方 (12-5-25)	60
7月中下旬 (大培)	复合肥 (15-5-24)	100	追肥配方 (12-5-25)	60	追肥配方 (12-5-25)	60
	硫酸钾	25				
	中微量元素	20				
8月末至9月中下旬 (1~3次)	复合肥 (15-10-30)	5	追肥配方 (12-5-25)	15 (分3次)	追肥配方 (12-5-25)	15 (分3次)

表5-2　试验地点土壤基本养分含量

土层（厘米）	碱解氮（毫克/千克）	有效磷（毫克/千克）	速效钾（毫克/千克）	有机质（克/千克）	pH
0～20	68.98	62.07	221.00	16.9	7.58
20～40	26.32	58.31	175.00	15.3	7.68

对产量和经济效益进行分析（表5-3）可知，配方肥处理比农民习惯处理增产3%左右，化肥减施量为10%，每亩增收642.90元；配方提升处理较农民习惯处理增产效果显著，达5.23%，化肥总体偏生产力和总效益最高的处理为配方提升处理，较配方肥处理增产2.05%。配方肥处理和配方提升处理与农民习惯处理相比，都达到了预设效果。

表5-3　试验效益分析

处理	测产产量（吨/亩）	亩施肥总量（千克）	化肥总效率（千克/千克）	生姜产值（元/亩）	增产效益（元/亩）	节约肥料成本（元/亩）	总效益（元/亩）
农民习惯	8.50	143.35	59.33	17 008.55			
配方肥	8.77	128.96	68.00	17 538.46	529.91	112.99	642.90
配方提升	8.95	128.96	69.39	17 897.44	888.89	89.89	978.78

二、生姜套餐肥技术

根据生姜栽培中施肥次数多、肥料使用品种多的现状，利用市场上常见的肥料品种，组成了适用于生姜的套餐肥。

1.套餐设计

针对大棚和露地两种生姜栽培模式，设计不同的肥料套餐。

（1）大棚生姜　果蔬系列（15-15-15）＋果蔬系列（15-7-24）＋双机源系列（15-5-25）＋冲施肥系列（13-5-27）。

（2）露地生姜　果蔬系列（15-15-15）＋双机源系列（15-5-25）＋果蔬系列（15-7-24）＋冲施肥系列（15-10-30）。

上述肥料均为市面上常见产品。其中，果蔬系列（15-15-15）为平衡型养分配比，适用于培肥土壤，主要为生姜生育前期的生长提供养分；高钾肥主要适用于生姜生长后期，此时植株对氮、磷的需求量逐渐减少，对钾的需求量逐渐增加，但为保证生姜的正常生长，仍需要补充一定的氮、磷肥。

2.使用方法

山东是全国生姜产量最高的地区。根据研究资料，当生姜产量12吨/亩时，施肥量为氮肥55.2～73.2千克/亩、磷肥22.8～30.0千克/亩、钾肥86.4～136.8千克/亩。由于安丘当地生姜种植过程中有机肥施用量较大，因此该地区的套餐肥养分量设计应较以下表格中的数值略低。大棚和露地生姜栽培的套餐肥具体方案分别如表5-4和表5-5所示。

表5-4　大棚生姜套餐肥方案

施肥时间	农民习惯 (49.5-18.5-80.6)		套餐肥 (35.7-15.5-58.0)		节约成本 （元/亩）
	施肥品种	施肥量	施肥品种	施肥量	
底肥 （3月上旬）	腐熟鸡粪	7米³/亩	腐熟鸡粪	7米³/亩	0
种肥 （3月16日）	大豆	50千克/亩	大豆	50千克/亩	0
	中微量元素肥料	20千克/亩	中微量元素肥料	20千克/亩	0
	商品有机肥	88千克/亩	商品有机肥	88千克/亩	0
	海藻肥	5千克/亩	海藻肥	5千克/亩	0
4月7日和 4月22日 （各一半）	海藻肥	5千克/亩	海藻肥	5千克/亩	0

（续）

施肥时间	农民习惯 (49.5-18.5-80.6)		套餐肥 (35.7-15.5-58.0)		节约成本 (元/亩)
	施肥品种	施肥量	施肥品种	施肥量	
5月4日	复合肥 (15-15-15)	7千克/亩	果蔬系列 (15-15-15)	7千克/亩	0
5月20日	复合肥 (15-15-15)	12千克/亩	果蔬系列 (15-15-15)	12千克/亩	0
6月8日	复合肥 (15-5-25)	75千克/亩	果蔬系列 (15-7-24)	75千克/亩	45.0
	豆饼	25千克/亩	豆饼	25千克/亩	0
6月25日	复合肥 (15-5-25)	88千克/亩	含腐植酸 (15-5-25)	80千克/亩	26.4
	鸡粪	600千克/亩	鸡粪	600千克/亩	0
7月18日 (培土)	复合肥 (15-5-25)	88千克/亩	含腐植酸 (15-5-25)	45千克/亩	141.9
9月8日	复合肥 (15-5-25)	60千克/亩	冲施肥系列 (13-5-27)	22千克/亩	99.0

表5-5　露地生姜套餐肥方案

施肥时间	农民习惯 (57.8-21.0-96.0)		套餐肥 (39.8-19.0-62.5)		节约成本 (元/亩)
	施肥品种	施肥量 (千克/亩)	施肥品种	施肥量 (千克/亩)	
3月27日 (打地)	商品有机肥	330	商品有机肥	330	0
	豆粕	50	豆粕	50	0
3月30日 (开沟)	复合肥 (15-7-24)	10	果蔬系列 (15-15-15)	10	4.5
	商品有机肥	160	商品有机肥	160	0
4月22日 (第一水)	生根剂	5	生根剂	5	0

（续）

施肥时间	农民习惯 (57.8-21.0-96.0)		套餐肥 (39.8-19.0-62.5)		节约成本 (元/亩)
	施肥品种	施肥量 (千克/亩)	施肥品种	施肥量 (千克/亩)	
5月7日	生根剂	5	生根剂	5	0
5月27日	复合肥 (15-5-25)	10	果蔬系列 (15-15-15)	10	10.5
6月3日	复合肥 (15-5-25)	10	果蔬系列 (15-15-15)	10	10.5
6月11日	复合肥 (15-5-25)	10	果蔬系列 (15-15-15)	10	10.5
7月1日 (小培)	复合肥 (15-5-25)	120	含腐植酸 (15-5-25)	80	132.0
	商品有机肥	160	商品有机肥	160	0
7月22日 (与上次左右交替)	商品有机肥	160	商品有机肥	160	0
	复合肥 (15-5-25)	120	含腐植酸 (15-5-25)	80	132.0
8月22日 (大培)	复合肥 (15-7-24)	90	果蔬系列 (15-7-24)	50	108.0
9月3日	复合肥 (15-10-30)	5	冲施肥系列 (15-10-30)	5	0
9月13日	复合肥 (15-10-30)	5	冲施肥系列 (15-10-30)	5	0
9月20日	复合肥 (15-10-30)	5	冲施肥系列 (15-10-30)	5	0

3.应用效果

试验点安丘市位于山东省中部偏东,潍坊市南部,属暖温带大陆性季风气候,四季分明,年平均降水量646.3毫米,年平均气温12.2℃,年平均光照2 502.1小时,是农业农村部命名的"中国姜蒜之乡",生姜种植面积1.33万公顷。

试验生姜品种:缅姜;栽培管理方法:覆膜、起沟栽培。大棚生姜种植间距为74厘米,株距为25厘米,理论株数 = 666.7/(0.74×0.25) = 3 600株/亩;露地生姜种植间距70厘米,株距20厘米,理论株数 = 666.7/(0.70×0.20) = 4 760株/亩。大棚试验田0.3亩,对照田0.3亩;露地试验田1.0亩,对照田2.5亩。套餐肥施肥方法:除底肥撒施在栽培沟外,其余肥料均为冲施。

表5-4的试验方案中套餐肥的氮肥、磷肥和钾肥的投入量相比农民习惯均有较大幅度的降低,肥料投入量减少26.5%。从成本比较,套餐肥比农民习惯施肥少用312.3元/亩。表5-5的套餐肥中氮肥、磷肥和钾肥的投入量相比农民习惯均有较大幅度的降低,肥料投入量减少31%。从成本比较,套餐肥比农民习惯施肥少用408元/亩。

大棚试验采用7.40米^{2}重复三次测产,结果见表5-6,套餐肥较农民习惯增产15.77%。露地试验采用7.00米^{2}重复三次测产,结果见表5-7,套餐肥较农民习惯增产17.31%。

表5-6 大棚试验测产结果

处理	生姜品种	样点产量(千克)			行距(厘米)	折合产量(吨/亩)	增产量(吨/亩)	增产率(%)
		重复1	重复2	重复3				
农民习惯	缅姜	135.50	142.20	129.60	74.00	10.40		
套餐肥	缅姜	156.20	164.00	151.60	74.00	12.04	1.64	15.77

注:折合亩产量=样点产量/样点面积×666.67×缩值系数0.85,下同。

表5-7 露地试验测产结果

处理	生姜品种	样点产量（千克）			行距（厘米）	折合产量（吨/亩）	增产量（吨/亩）	增产率（％）
		重复1	重复2	重复3				
农民习惯	缅姜	125.60	128.10	130.50	70.00	10.34		
套餐肥	缅姜	145.80	150.30	154.80	70.00	12.13	1.79	17.31

从肥料效率比较，套餐肥的化肥总体边际生产率、氮肥和磷肥的边际生产率均极显著高于农民习惯（表5-8、表5-9）。

表5-8 大棚试验区套餐肥的肥料效率

处理	氮肥（千克/亩）	磷肥（千克/亩）	钾肥（千克/亩）	总量（千克/亩）	产量（吨/亩）	化肥总体偏生产力（千克/千克）	氮肥偏生产力（千克/千克）	磷肥偏生产力（千克/千克）
农民习惯	49.50	18.50	80.60	148.60	10.40	69.99	210.10	562.16
套餐肥	35.70	15.50	58.00	109.20	12.04	110.26	337.25	776.77

表5-9 露地试验区套餐肥的肥料效率

处理	氮肥（千克/亩）	磷肥（千克/亩）	钾肥（千克/亩）	总量（千克/亩）	产量（吨/亩）	化肥总体偏生产力（千克/千克）	氮肥偏生产力（千克/千克）	磷肥偏生产力（千克/千克）
农民习惯	57.80	22.00	96.00	175.80	10.34	58.82	178.89	470.00
套餐肥	39.80	19.00	62.50	121.30	12.13	100.00	304.77	638.42

从经济效益分析，大棚试验区的套餐肥较农民习惯增产2 460.00元/亩，节约肥料成本312.30元/亩，合计增加总效益

2 772.30元/亩（表5-10），露地试验区的套餐肥较农民习惯增产3 093.00元/亩（表5-11）。

表5-10　大棚试验区经济效益分析

处理	生姜产量 （吨/亩）	生姜产值 （元/亩）	增产效益 （元/亩）	节约肥料成本 （元/亩）	总效益 （元/亩）
农民习惯	10.40	15 600.00			
套餐肥	12.04	18 060.00	2 460.00	312.30	2 772.30

注：生姜价格按照1 500元/吨计，下同。

表5-11　露地试验区经济效益分析

处理	生姜产量 （吨/亩）	生姜产值 （元/亩）	增产效益 （元/亩）	节约肥料成本 （元/亩）	总效益 （元/亩）
农民习惯	10.34	15 510.00			
套餐肥	12.13	18 195.00	2 685.00	408.00	3 093.00

第二节　生姜土壤改良剂应用技术

针对姜田土壤养分失调、生态环境恶化、土壤理化性状和土壤微生物活性受到破坏而导致的土壤板结、肥料利用率下降、生姜持续生产能力降低等问题，进行土壤改良剂应用效果的探究试验，化肥用量和施用方法按照科学方案进行。

一、土壤改良剂施用方法

2019年4月5日至10月15日，在山东省莱芜区瓜屋子村开展了土壤改良剂应用试验。试验中使用的土壤改良剂为上海绿乐生物科技有限公司产品（活菌含量20亿/克），试验生姜品种为莱芜姜，定植密度为3 900株/亩。试验地土壤基本情况：有机质12.1

克/千克，有效磷45毫克/千克，速效钾140毫克/千克，pH 5.73，全氮1.28%。

在常规施肥基础上施用土壤改良剂，将土壤改良剂均匀撒施在地表后进行翻地，使菌剂和土壤均匀混合，并保持土壤湿润，一天后播种，其他肥料结合农民习惯施用。底肥（4月5日）施用鸭粪4米³/亩、复合肥（15-15-15）40千克/亩；5月中旬，施用生根剂6千克/亩；6月初，施用复合肥（15-15-15）70千克/亩；6月中下旬，结合小培土施用复合肥（15-5-25）100千克/亩、中微量元素10千克/亩；7月中旬施用复合肥（15-5-25）10千克/亩、生根剂6千克/亩；7月底8月初，结合大培土施用复合肥（15-5-25）100千克/亩。

整个生育期施用农药量：6月1日、6月19日、7月10日、7月18日、7月27日和7月30日分别施用农药一次。农药用量和其他栽培管理措施均与当地农民习惯一致，具体试验方案如表5-12所示。

表5-12　试验方案

处理	施肥方案
CK	常规施肥
T1	常规施肥＋基质（灭活）
T2	常规施肥＋土壤改良剂50千克/亩
T3	常规施肥＋土壤改良剂100千克/亩

于9月25日在生姜取样后进行生姜植株株高、茎粗和分枝数的测量，数据汇总见表5-13。对各个阶段取回的生姜植株鲜样，分别进行地上部分和地下部分的重量统计。于10月15日对不同的试验处理进行现场测产，每个小区取5米²进行现场收获，去掉地上部分，对地下块茎进行测产，再换算成生姜的亩产量，并对数据进行统计分析。

表 5-13　生姜的生长数据

处理	株高（厘米）	茎粗（毫米）	分枝数（个）	地下部分生物量（克/株）	地上部分生物量（克/株）
CK	63.58	9.40	6.30	231.63	133.39
T1	82.40	9.55	6.85	316.95	140.53
T2	74.00	9.71	9.67	375.30	197.70
T3	70.04	11.60	8.67	380.12	158.83

　　生姜样品测定氮、磷、钾含量，土壤样品测定氮、磷、钾及有机质含量。土壤样品测定在每季作物收获后，每小区采用梅花形5点取样法，从地表0～20厘米用环刀取土，测定土壤容重；生姜收获后，取20厘米×20厘米×20厘米的试验地原状土带回实验室测定土壤团聚体，用约得法和沙维诺夫法测定。土壤基本理化性质分析参照《土壤农业化学常规分析方法》中的相关方法。

二、土壤改良剂应用效果

1.对生姜植株生长、产量和土壤可培养微生物的影响

　　9月25日进行生姜植株株高、茎粗和分枝数的测量，数据见表5-13。由结果可知，添加土壤改良剂能够有效增加生姜茎粗和分枝数，促进植株生物量的增加。

　　10月15日进行生姜测产，结果见表5-14。由结果可知，T2和T3处理较农民习惯处理都有明显的增产效果，其中产量最高的是处理T2，即在农民习惯基础上增施土壤改良剂50千克/亩，比处理CK（农民习惯）增产51.30%，处理T3较CK增产33.56%。

表 5-14　不同处理下的生姜产量

处理	测产产量（千克，每50米^2）				均亩产（千克）	增减产量（千克）	增减产比率（%）
	1	2	3	均值			
CK	293.19	284.76	315.12	297.69	3 971.17c		

（续）

处理	测产产量（千克，每50米²）				均亩产（千克）	增减产量（千克）	增减产比率（%）
	1	2	3	均值			
T1	307.85	299.07	330.81	312.58	4 169.77c	14.89	5.00
T2	448.13	435.10	468.00	450.41	6 008.53a	152.72	51.30
T3	392.40	371.84	428.56	397.60	5 303.97b	99.91	33.56

注：表中同一列不同小写字母表示处理间差异显著。

在生姜生长中期，7月中旬，取0～20厘米土壤，采用系列稀释平板涂布法进行可培养微生物的测定，结果见表5-15。施用土壤改良剂处理后的土壤中细菌、放线菌和真菌数量均较农民习惯（CK）明显增加（处理T1施用灭活菌剂除外）。总体表现为微生物总量提高，细菌比例下降，放线菌和真菌比例提高。处理T2微生物总量最多，相比于CK提高了88.22%。处理T1（施用灭活菌剂）对土壤微生物的数量和区系影响不显著，说明对土壤修复起关键作用的是微生物活菌。

表5-15　可培养微生物数量（0～20厘米土层）

处理	细菌（×10⁶菌落总数/克）	放线菌（×10⁵菌落总数/克）	真菌（×10⁴菌落总数/克）	微生物总量（×10⁶菌落总数/克）	细菌（%）	放线菌（%）	真菌（%）
CK	4.03±0.07d	2.93±0.13c	0.58±0.10b	4.33±0.15c	93.10	6.77	0.13
T1	4.43±0.15c	1.30±0.10d	0.53±0.08b	4.56±0.23c	96.97	2.85	0.18
T2	7.20±0.27a	9.40±0.14a	1.60±0.13a	8.15±0.20a	88.28	11.53	0.20
T3	4.95±0.15b	6.50±0.08b	1.80±0.08a	5.62±0.16b	88.11	11.57	0.32

注：表中同一列不同小写字母表示处理间差异显著。

2.对土壤物理性状的影响

在收获期取土，测定不同处理下土壤的孔隙度、容重和水稳性团聚体粒径分级，结果见表5-16。施用土壤改良剂后，土壤容重均呈现不同程度的降低，孔隙度则有所增加，且均与处理 CK 达显著性差异水平。其中 T2 处理土壤容重最低，为 1.51 克/ 厘米^3，较 CK 降低 11.70%，孔隙度最高的为处理 T3，较 CK 处理 增加 18.74%。施用土壤改良剂后，土壤中粒径 ≥ 0.25 毫米水稳 性团聚体的比例也均有不同程度的提高，其中 T3 处理较 CK 增幅 最大。

表5-16　不同处理对土壤物理性状的影响

处理	孔隙度 (%)	容重 (克/厘米^3)	水稳性团聚体粒径分级（%）						
			≥5 毫米	≥2 毫米	≥1 毫米	≥0.5 毫米	≥0.25 毫米	≥0.05 毫米	<0.05 毫米
CK	38.10c	1.71a	1.14	10.72	19.16	22.46	11.02	18.60	16.90
T1	39.98bc	1.61b	0.54	8.90	12.72	12.60	12.44	16.28	36.52
T2	42.36ab	1.51c	1.16	24.66	24.10	11.44	7.18	13.68	17.78
T3	45.24a	1.57bc	3.10	29.20	22.76	18.24	13.56	7.54	5.60

注：表中同一列不同小写字母表示处理间差异显著。

3.对生姜持续生产能力的影响

增施土壤改良剂可以提高生姜植株的株高、茎粗、分枝数 和地上部生物量、地下部生物量。因施用量的不同，各处理比 CK 分枝数增加 21.75% ~ 53%，茎粗增加 1.60% ~ 23.94%，地 下部分生物量增加 36.83% ~ 64.10%；比 CK 降低土壤容重 8.18% ~ 11.69%，增加土壤孔隙度 11.18% ~ 14.83%。说明土壤 改良剂的施入对土壤团聚体的形成有显著的促进作用，其内含的 活性微生物显著提高了大粒径（≥0.25毫米）土壤团聚体的含量。 施用土壤改良剂的土壤中微生物总量显著增加，最高相比于 CK 增 加了 88.22%，细菌比例下降，放线菌和真菌比例提高。因此，该 土壤改良剂可以在提高土壤微生物总量的基础上均衡微生物区系。

土壤改良剂的施用让土壤理化性状得到改良，生姜产量较农 民习惯也有大幅度的提高，其中在常规施肥的基础上施用 50 千克/

亩土壤改良剂的生姜产量较CK提高51.30%，产量达到6 008.53千克/亩，给种植户带来了较高经济收益。但是在土壤养分偏高的大田，建议酌情减施化肥，否则可能导致增产率降低。

第三节　生姜有机肥替代化肥技术

有机肥替代化肥是实现生姜化肥减施增效和持续生产的重要技术措施，但有机肥替代量还需要进一步研究，本试验在生姜主产区的不同地点根据生产实践中的有机肥投入量，设置了不同化肥用量与定量商品有机肥的田间试验，为有机肥替代化肥的应用提供科学依据。

一、商品有机肥替代化肥试验设计

在安丘市金冢子镇金冢子村和景芝镇王家庄村开展商品有机肥应用试验，试验前土壤基础地力情况见表5-17。

表5-17　试验地点土壤基础地力情况

试验地点	土壤类型	有机质（克/千克）	碱解氮（毫克/千克）	有效磷（毫克/千克）	速效钾（毫克/千克）	pH
金冢子村	褐土	11.00	111.70	159.60	266.00	6.26
王家庄村	褐土	17.50	87.60	77.50	161.00	6.77

试验共设5个处理，TO1为农民习惯施肥处理，TO2为优化施肥处理（氮、磷、钾肥用量根据生姜需肥规律，结合试验土壤供肥能力确定，每亩施氮肥50千克、磷肥30千克、钾肥60千克），TO3为优化施肥用量80% + 300千克有机肥处理，TO4为优化施肥用量70% + 300千克有机肥处理，TO5为优化施肥用量60% + 300千克有机肥处理。每个处理重复3次，共15个小区，金冢子村每个小区长30米、宽2.88米、面积86.4米²，王家庄村每个小区长50

米、宽3.0米、面积150米²。试验采用地膜覆盖的播种方式，播种深度为5厘米，行距75厘米，株距25厘米。每个试验地四周设保护行，除浇水单独浇灌、小区施肥用量不同外，其他管理措施一致，均按当地丰产栽培措施进行。

供试生姜品种为安丘缅姜，供试肥料包括尿素（含氮量46%）、过磷酸钙（含磷量12%）、硫酸钾（含钾量50%）、金冢子村生物有机肥（有效活菌≥0.2亿/克、有机质≥40%）、王家庄村有机肥（氮+磷+钾≥5%、有机质≥45%）。

2018年10月22日生姜收获期，每个地点取长势均匀区（金冢子村3米双行、王家庄村4米双行）进行小区测产。

二、商品有机肥替代化肥应用效果

1.对生姜产量的影响

由图5-1可知，金冢子村各优化施肥处理的生姜产量均显著高于农民习惯施肥处理（TO1），增产率在3.26%～8.52%。有机肥替代部分化肥优化施肥处理中，随着有机肥替代化肥量的增加，生姜产量先增加后降低，TO3、TO4处理生姜产量分别高于TO2处理4.94%、0.69%，TO5处理与TO2处理产量相当。王家庄村

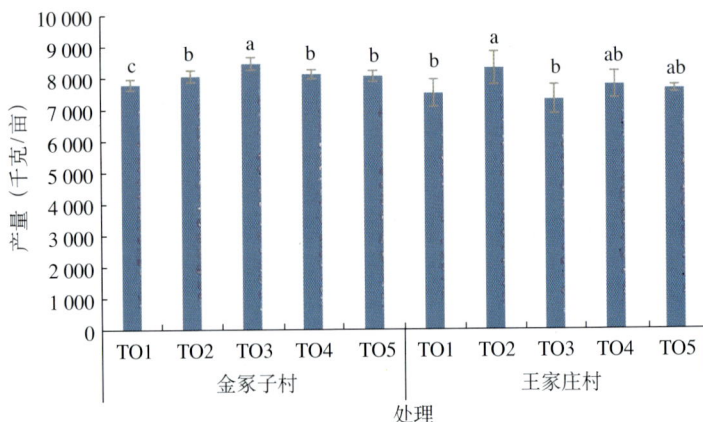

图5-1 不同处理下的生姜产量

注：图中不同小写字母表示处理间在95%水平上存在显著差异。

优化施肥处理除了 TO3 较 TO1 产量减少 2.64% 外，其他处理增产 1.63% ~ 10.48%；优化施肥处理 TO2 产量最高，显著高于 TO1 和 TO3；随着有机肥替代化肥量的增加，生姜产量逐渐降低。

2. 对生姜经济效益的影响

由于不同处理间除了施肥不同，其他田间管理措施均一致，因此计算生姜经济效益时只考虑生姜产值和肥料成本 2 个因素。由表 5-18 可知，金冢子村各处理间纯收益变化与产量变化基本一致，肥料成本变化与产投比变化相反。各优化施肥处理纯收益均高于农民习惯施肥处理，增收率为 5.18% ~ 9.75%。有机肥替代部分化肥优化施肥处理中，随着有机肥替代化肥量的增加，3 个处理纯收益均高于优化施肥处理 TO2，增收率为 0.02% ~ 4.34%，增收幅度逐渐降低，其中优化施肥用量 80% + 300 千克有机肥处理增收最多。

表 5-18 不同处理下的生姜经济效益

试验地点	处理	产量（千克/亩）	肥料成本（元/亩）	纯收益（元/亩）	相比 TO1 增收（%）	产投比
金冢子村	TO1	7 795.95	1 260.00	18 229.86		15.47
	TO2	8 061.64	980.00	19 174.09	5.18	20.57
	TO3	8 460.18	1 144.00	20 006.44	9.75	18.49
	TO4	8 116.95	1 046.00	19 246.37	5.58	19.40
	TO5	8 050.28	948.00	19 177.70	5.20	21.23
王家庄村	TO1	7 513.34	1 260.00	17 523.35		14.91
	TO2	8 300.42	980.00	19 771.04	12.83	21.17
	TO3	7 315.18	1 144.00	17 143.95	−2.17	15.99
	TO4	7 770.76	1 046.00	18 380.59	4.89	18.57
	TO5	7 635.57	948.00	18 140.92	3.52	20.14

注：肥料成本按复合肥（15-15-15）3 300 ~ 3 400 元/吨计算，氮、钾每千克纯养分含量为 7.0 ~ 7.5 元，有机肥按 1 200 元/吨计算。

王家庄村各处理纯收益变化与产量变化是一致的，均为TO2＞TO4＞TO5＞TO1＞TO3，肥料成本与产投比变化基本相反。各优化施肥处理纯收益除了TO3较TO1减少2.17%外，其他处理增收3.52%～12.83%；各有机肥替代化肥量处理纯收益均较优化施肥处理（TO2）低。

3. 商品有机肥最佳用量

试验条件下，金冢子村有机肥替代部分化肥在生姜上增产效果显著，比农民习惯处理增产3.26%～8.52%，增收5.20%～9.75%；比优化施肥处理增产−0.14%～4.94%，增收0.02%～4.34%。优化施肥用量80%＋300千克有机肥处理（TO3处理）效果最佳。王家庄村有机肥替代部分化肥在生姜上增产效果不显著，比农民习惯处理增产−2.64%～3.43%，增收−2.17%～4.89%；比优化施肥处理减产6.38%～11.87%，纯收益减少7.03%～13.29%。

土壤有机质是土壤肥力的重要指标之一，与作物产量成正比，在粮食生产中，土壤有机质每提高0.1%，粮食产量的稳产性提高10%～20%。不可否认，生姜生产中因大量施用有机肥，土壤有机质含量随种植年限的增加而逐渐上升，主要以畜禽粪便类和饼粕类有机肥为主，养分含量多且分解较快，生姜的高产出使得投入的大量有机物质很快被消耗，无法形成有机质累积，导致耕层土壤有机质含量相对不高，一直处于中等水平，土壤有机质含量还有提升空间。试验中金冢子村选用的商品生物有机肥有效活菌≥0.2亿/克、有机质≥40%，有机质含量高，3种有机肥替代部分化肥处理的生姜产量均高于农民习惯处理，并高于或与优化施肥处理产量相当；王家庄村选用的有机肥养分含量氮＋磷＋钾≥5%、有机质≥45%，替代20%～40%化肥施用量后的生姜产量与农民习惯处理差异不显著，与优化施肥处理相比，替代20%处理的产量显著降低，替代30%和40%处理的产量无显著差异。综合产量和土壤培肥能力来看，在生姜种植中使用商品有机肥替代一定量化肥是可行的，具体替代量需要考虑土壤供肥能力及有机肥养分情况，另外替代效果还受生姜品种、农户管理水平等多种因素的影响。

三、有机、无机配施试验设计

果蔬生产中的有机肥投入量往往比粮食作物大得多,无论是成本还是养分提供量,都是不得不考虑的因素。一般每亩生姜的有机肥用量从50千克到5 000千克不等,过量施用有机肥,不仅会因不当增加投入量导致肥料效率降低,还会对环境造成潜在污染,所以在依据一定产量水平科学确定生姜氮、磷、钾养分总量的基础上,合理配施有机肥和化学肥料,对生姜的养分管理具有重要意义。

2020年4—10月,在山东省潍坊市安丘市景芝镇王家庄开展了基于有机、无机配施的化肥减施增效技术试验,试验面积共计20亩。根据调研,当地农民习惯的氮、磷、钾平均施肥量分别为57.6千克/亩、25.1千克/亩、88.2千克/亩;根据生姜产量水平和土壤供肥水平,试验点(推荐处理)生姜的氮、磷、钾需肥量分别为42.8千克/亩、20.8千克/亩、61.4千克/亩;根据经验,有机肥替代30%的化肥,对当季蔬菜产量不会造成负面影响;生姜生产中大量施用化学氮肥,会导致土壤碳氮比失调,因此在处理3的基础上,每亩增加500千克稻壳,调整土壤碳氮比;为了增加生姜的抗逆性,在处理3的基础上,增加了功能水溶肥,具体方案如表5-19所示。

表5-19 有机、无机配施试验方案

处理编号	处理描述	氮、磷、钾施肥量(千克/亩)	有机肥施用方式
1	农民习惯	57.6、25.1、88.2	
2	推荐(纯化肥)	46.8、20.8、61.4	
3	有机肥:化肥(3:7)	42.8、14.6、57.8	基追比1:2
4	有机肥:化肥(3:7)+增碳	42.8、14.6、57.8	底施500千克/亩稻壳
5	有机肥:化肥(3:7)+功能水溶肥	42.8、14.6、57.8	底肥+培沟时共施用4升功能水溶肥

供试生姜品种为缅姜。供试土壤类型为潮土，0～20厘米土壤养分含量如表5-20所示。试验所需化肥均采购自心连心化学工业集团股份有限公司，有机肥购自山东泰可丰生物科技有限公司，病虫害防治药剂均由农户采购自当地经销商。

表5-20　试验地块0～20厘米土壤养分含量

	有机质（克/千克）	碱解氮（毫克/千克）	有效磷（毫克/千克）	速效钾（毫克/千克）	pH
含量	12.80	57.43	53.72	239.00	6.74

2020年10月20日由安丘市土壤肥料工作站进行测产，每个处理选取3个测产点，每个测产点面积为14.4米²（10米×1.44米），收取、称重，亩产量按下式计算：

亩产量＝单位面积产量×666.7×缩值系数（0.85）

四、有机、无机配施对生姜的影响

1.有机、无机配施对生姜产量的影响

测产结果如图5-2所示，除处理5因地边树木遮挡对生姜产量产生一定影响外，其余各处理的结果均与农民习惯（处理1）无显著差异，说明化肥总施用量减施32.59%，仍能保证生姜的稳产增产，其中处理3和处理4的增产率分别达6.96%和4.09%。

大量研究表明，有机、无机配施的增产效果明显，与单施化肥相比，番茄产量增加7.3%～13.6%（姜玲玲等，2019），并有效提高土壤有机质含量，延缓土壤pH降低（姜蓉等，2016），这也是体现有机、无机配施技术效果的重要指标。本研究中化肥减施30%以上，生姜产量仍能保证稳产增产，可能也正是得益于有机、无机的配施效果。

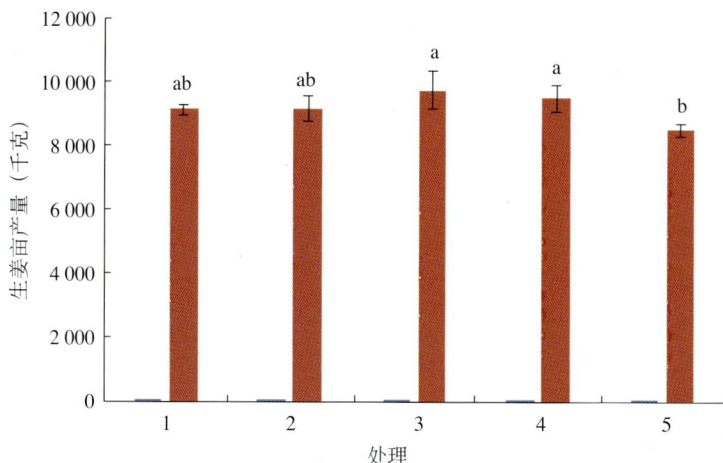

图5-2 有机、无机配施技术示范区生姜产量
注：图中不同小写字母表示处理间在95%水平上存在显著差异。

2.有机、无机配施对生姜肥料利用效率的影响

5个处理的肥料利用效率如表5-21所示，处理2、3、4、5的化肥偏生产力较处理1（农民习惯）均增加33.22%以上，氮肥偏生产力较农民习惯均增加23.79%以上，磷肥偏生产力较农民习惯均增加21.33%以上，钾肥偏生产力较农民习惯均增加42.23%以上。

表5-21 不同处理肥料利用效率

处理编号	亩产量（千克）	化肥亩用量（千克）	氮肥亩用量（千克）	磷肥亩用量（千克）	钾肥亩用量（千克）	化肥偏生产力（千克/千克）	氮肥偏生产力（千克/千克）	磷肥偏生产力（千克/千克）	钾肥偏生产力（千克/千克）
1	9 143.98	170.90	57.60	25.10	88.20	53.50	158.70	364.30	103.70
2	9 194.13	129.00	46.80	20.80	61.40	71.30	196.50	442.00	149.70
3	9 780.58	115.20	42.80	14.60	57.80	84.90	228.50	669.90	169.20
4	9 518.22	115.20	42.80	14.60	57.80	82.60	222.40	651.90	164.70
5	8 525.12	115.20	42.80	14.60	57.80	74.00	199.20	583.90	147.50

　　研究表明，有机、无机肥料配施在提升土壤肥力、增加作物产量、提升肥料和水分利用效率等方面的效果都十分显著，这除了可能与有机肥施入会向土壤中带入一部分有效磷、钾有关（宇万太等，2009）外，还可能与施入有机肥能改良土壤性质、增加土壤固持和释放养分的能力等（邢素丽等，2010）有关。此外，有机肥施入土壤后，还能够显著提升作物根系活力、延缓根系衰老、增加根系对养分的吸收利用效率（李絮花等，2005）。

　　生姜对养分的需求量很大，但根系对养分的吸收能力相对较弱，因此在种植过程中，必须加强根系的养护，增加有机肥或其他功能性物质的含量，调节土壤碳氮比，促进生姜根系发育是生姜增产高产的保障。本试验中，有机、无机肥料施用比例为3:7及其优化技术模式较农民习惯稳产增产，并能有效提高化肥偏生产力30%以上，可能与有机、无机配施试验区生姜根系发育情况较好有关。

PART 06 第六章

匹配生姜营养需求的绿色高效肥料产品

第一节　常用肥料

一、有机肥料

有机肥料是指含有较多有机物、来源于动植物残体及人畜粪便等废弃物的肥料的统称。有机肥是蔬菜生产的重要肥源，其中含有丰富的有机质，如纤维素、半纤维素、脂肪、蛋白质、氨基酸、激素及腐植酸等，同时含有植物生长需要的各种营养元素。有机肥具有改良土壤、培肥地力的作用，其中的腐殖质能够促使土壤颗粒形成团粒结构，改良土壤的通气性，提高土壤的保水、保肥能力。但是，有机肥具有脏、臭、不卫生、养分含量低、肥效慢和使用不方便的缺点，化肥的特点则与之相反，养分含量高、肥效快、使用方便。有机、无机结合是比较理想的施肥途径，有机肥养分全与化肥养分单一互补，有机肥肥效慢与化肥肥效快互补。

施用有机肥能够使土壤中的有益微生物大量繁殖，转化土壤中作物难以利用的磷、钾和中微量元素为作物可利用的有效养分，拮抗土壤中的病原菌，提高作物的抗病性。有机肥中的有机酸和其他一些物质，能够活化土壤中的难溶养分，刺激作物生长，提高作物产量。有机肥含有的大量元素、中微量元素、糖类、脂类和氨基酸等，能够为作物提供一个最佳的营养生长环境，使作物产量高、品质好。

二、微生物肥料

微生物肥料是指含有活性微生物的一类特定产品，应用在农业生产中，能够获得特定的肥料效应。微生物肥料具有两方面的作用：一方面，通过产品中微生物的生命活动，增加植物的营养元素供应量，改善植物营养状况，进而增加产量；另一方面，产品中微生物的生命活动能产生刺激植物生长的物质，促进植物对营养元素的吸收，并使之对某些病原微生物产生抗性，减少病虫害的发生。长期以来，人们对微生物肥料存在着两种极端认识，一种认为微生物肥料肥效很高，是万能肥料，可以代替化肥；另一种认为微生物肥料根本无效，或不足以称作肥料。实际上，这两种认识都是错误的，大量试验表明微生物肥料确实存在一定效果，但也并没有到达可以完全替代化肥的程度。

微生物肥料具有鲜明的特点：能够保护生态环境，不破坏土壤结构，对人、畜和植物无害，是生产无公害蔬菜的优选肥料；肥效持久；能够提高作物产量和改善农产品品质；能够改良土壤结构，提高土壤肥力；肥料成本低；一些品种对作物有选择性；肥效往往受环境因素及存放时间和条件的制约。

微生物肥料从多个方面影响作物生长：一是微生物本身能够产生植物所需的营养物质，如各种自生、联合和共生固氮菌，从而增加土壤中的氮源；二是解磷和解钾细菌可以增加土壤中的磷、钾和中微量元素；三是丛枝菌根与植物根结合能够大大增加植物吸收养分的能力；四是微生物生长过程中能分泌刺激植物生长的物质，如生长素、赤霉素、赤霉酸、吲哚乙酸和萘乙酸等，其中有机酸类具有分解土壤中植物难以利用的磷、钾和中微量元素的能力；五是微生物能够分泌抗生素、维生素等物质，同时有益微生物种群在植物根际活动，能够拮抗病原菌的活动，提高植物抗性。

影响微生物肥料有效性的因素很多，主要表现在以下几个方面：一是微生物肥料质量主要取决于菌种本身的有效性、杂菌的数量、载体的选择及处理方法等；二是微生物肥料的包装应有利于长时间贮存，贮存条件有利于微生物存活；三是微生物的生长繁殖对外部环境的依赖性强，土壤有机质状况对其影响较大，另外还受土壤水分、温度、氧气含量、pH和氧化还原电位的影响；四是一些特定的微生物肥料品种对作物有一定的选择性，根瘤菌肥料尤其如此，因此微生物肥料应避免与可能造成其生活能力下降或死亡的物质混合使用，如一些杀菌剂、杀虫剂和除草剂等；五是微生物肥料使用时应避免阳光直射，作拌种剂使用时应保持一定的湿度。

三、无机肥料

无机肥料也就是化肥，肥料中的养分呈无机矿质态存在。与有机肥和生物肥相比，其养分含量高、肥效迅速，植物能够直接吸收利用。化肥的施用极大提高了农作物的产量，并在一定程度上改善了农产品品质，但是化肥的大量施用，尤其是不合理施用，也会对农产品品质带来不利影响，对环境造成潜在威胁，因此应合理施用化肥。

1.大量元素肥料

（1）氮肥 包括硫酸铵、氯化铵、碳酸氢铵、硝酸铵、尿素、石灰氮等。

（2）磷肥 包括过磷酸钙、重过磷酸钙、钙镁磷肥、骨粉等。

（3）钾肥 包括氯化钾、硫酸钾、草木灰等。

（4）复合肥 包括硝酸磷肥、磷酸铵、硝酸钾、磷酸二氢钾、二元复混肥料与三元复混肥料、掺混肥料（BB肥）等。

2.中量元素肥料

（1）钙肥 钙不仅影响作物的产量，而且影响产品的质量，包括植株的抗病能力、蔬菜的耐贮藏性能等。蔬菜需钙量较大，虽然一些蔬菜的土壤检测结果显示钙的含量在临界指标以上，但作物常常表现出缺钙现象，尤其是大棚蔬菜。这说明虽然土壤中钙的含量高，但是作物很难吸收，尤其在大棚内温度低的情况下，因此在生产过程中要施用一定量的钙肥。施用的钙肥除补充钙养分外，还能够调节土壤酸碱度和改善土壤物理性状。农业生产中常用的钙肥主要有石灰和石膏等，还有一些化学氮肥如硝酸钙、硝酸铵钙、石灰氮等，以及一些磷肥如过磷酸钙、钙镁磷肥、重过磷酸钙也都是重要的钙肥来源。除此之外，一些工矿的副产品如炼铁的高炉渣、炼钢的炉渣等，也可作为钙肥使用。这些钙肥大多能调节土壤养分、改良土壤物理性状。在选用钙肥时，最好选用石灰氮、过磷酸钙、钙镁磷肥或重过磷酸钙等肥料。

（2）镁肥　镁是叶绿素的构成元素，也是作物体内多种酶的活化剂。蔬菜需要较多镁，生产1吨禾本科粮食作物需吸收2～4千克镁，生产1吨黄瓜、番茄等蔬菜需0.3～0.8千克镁。镁的情况与钙相似，虽然土壤中的含量高，但是作物很难吸收，大棚蔬菜尤其如此。含镁硫酸盐、氯化物和碳酸盐都是专用镁肥，但由于价格高，只在一些经济作物上使用。镁存在于一些矿物中，农业上使用的含镁矿物主要有白云岩和石灰岩烧制的生石灰，它们不仅含有镁，还含有丰富的钙，既可当镁肥，又可当钙肥使用。镁还作为副成分存在于一些常用化肥中，如钙镁磷肥、脱氟磷肥、硅镁钾肥、钾钙肥等；一些工矿副产品中也含有丰富的镁，如钢铁炉渣、碳化炉渣、粉煤灰、水泥窑灰等；此外，各种农家肥也是镁的重要来源。

（3）硫肥　常用的化肥品种如过磷酸钙、硫酸铵及石膏等都含有丰富的硫。土壤中有效硫的含量大于20毫克/千克，一般不用施硫肥。硫肥施用方法视作物生长情况与需要选择，基肥于播种前耕耙时施入，使之与土壤充分混合并达到一定深度，以促进其分解转化；根外喷施硫肥可作为辅助性措施，想要减轻作物的缺硫症状还得施基肥。

3.微量元素肥料

微量元素是指在植物体内和土壤中含量很低，但对生物体有重要营养作用的化学元素。这些元素在植物体内的含量一般为百万分之几至几十万分之几，最高含量一般不超过千分之一。土壤中微量元素供应不足时，许多作物的生长发育会受到影响，产量和质量也会下降。这些被工厂分别制造出来并作为肥料施用的微量元素化合物，叫作微量元素肥料，简称微肥。微肥可以单独施用，也可掺入大量元素肥料一起施用。有机肥含有不同数量的微量元素。

（1）锌肥 我国缺锌的土地面积不断扩大，施用锌肥的效益较高且稳定。锌肥是我国施用面积最多的一种微肥，目前锌肥的主要品种为七水硫酸锌。七水硫酸锌又称为锌矾、白矾、皓矾，粉状结晶，无色有光泽，易溶于水，稀溶液呈弱酸性。锌肥可作基肥、追肥，也可喷施、浸种、拌种及与氮、磷肥配合施用。一般喷施、浸种、沾秧根效果较好，非水溶性锌肥，宜作基肥施用。使用锌肥时还要考虑与其他营养元素的平衡，在有效磷含量高的土壤或施用大量磷肥时，应注意保持土壤中适当的氮磷比。在施用石灰的酸性土壤中，锌肥的效果往往较好。

（2）硼肥 目前我国硼肥的主要品种为硼砂，其次是硼酸和硼泥等。硼砂就是十水四硼酸钠，又称月石砂，分子式是$Na_2B_4O_7 \cdot 10H_2O$，无色透明晶体或白色粉末，无臭，味略咸，在空气中易氧化，易溶于水，水溶液呈碱性，硼含量为10.3%～10.8%。硼酸可认为是氧化硼的水合物，即$B_2O_3 \cdot H_2O$，分子式为H_3BO_3，无色透明晶体，无臭，溶于水，溶解度随温度升高而升高，水溶液呈弱酸性。硼酸、硼砂可作基肥、种肥、种处理和根外追肥，每亩用量为0.125～0.2千克。叶面喷施的浓度，一般为每升水加入0.25～1.0克硼酸或0.5～2.0克硼砂，每亩喷液量为50～75千克。

（3）锰肥 我国常用的锰肥主要是硫酸锰，其他锰肥很少使用。硫酸锰是一种淡玫瑰红色结晶物，易溶于水，水溶液亦呈淡玫瑰红色，有时可用来为复合微肥营养液着色。若将水溶性速效硫酸锰施到中性或碱性土壤中，很容易转化为难溶性形态。一般采用叶面追肥、浸种或拌种等方法施用。锰肥与生理酸性肥料，如硫酸铵或氯化钾混合后条施或穴施，有利于提高其肥效。

（4）钼肥 我国钼肥的主要品种有钼酸铵、钼酸钠和三氧化钼。三氧化钼很少单独使用，常加到过磷酸钙中制成含钼过磷酸钙施用。钼酸铵和钼酸钠可作基肥、追肥、种肥或叶面肥。但因钼肥价格昂贵，一般不用作基肥和追肥，常于叶面喷施。

（5）铜肥 我国目前主要的铜肥品种有硫酸铜、氧化铜、碱式硫酸铜等。硫酸铜是深蓝色块状结晶，粉碎后成淡蓝色粉末，有毒，也可直接作农药；能溶于水，水溶液呈酸性。氧化铜和碱式硫酸铜只适于作基肥，用于酸性土壤；硫酸铜可作基肥、种子处理和叶面喷施。每亩用硫酸铜0.2 ~ 1.0千克和10 ~ 15千克干细土混合于播种前沟施在播种行两侧，也可与农家肥或氮、磷、钾肥混合基施。一般铜肥后效长，每隔3 ~ 5年施一次即可。

（6）铁肥 我国铁肥的主要品种有硫酸亚铁、尿素铁、硫酸亚铁铵、黄腐酸二胺铁等。七水硫酸亚铁是最常用的铁肥，外观为淡绿色结晶，可溶于水。硫酸亚铁在潮湿的空气中易吸潮、易被氧化，因此，需保存在低温、低湿和密闭的容器中。适于作基肥、种肥、追肥及叶面喷施。硫酸亚铁施入土壤后，易转化为无效铁，络合铁（如EDTA·Fe，DTPA·Fe）的肥效一般高于硫酸亚铁。

四、绿色高效肥料产品类型

生姜全生育期施肥次数较多，使用肥料种类包括堆肥、有机肥、微生物肥料及常规复合肥等，本节列举了两大类在生姜种植中应用比较多的肥料产品供参考，但市场上还有其他常规肥料及同类肥料产品，也可用于生姜绿色生产。

1. 缓控释肥料产品示例

　　生姜苗期养分需求量较少，种肥施用普通复合肥容易造成烧种，实际生产中种肥一般不用普通复合肥或施用量不超过20千克，为了解决烧种问题和节省人工，生产中常施用缓控释肥料作为种肥，有全控和半控之分。本节选取了市场上常见的几个品种进行示例，如表6-1所示。

表6-1　市场上常见的缓控释肥料产品

肥料类型	生产厂商	肥料产品照片
缓控释肥料	河南心连心化肥有限公司	
	金正大国际	
	茂施农业科技有限公司	

　　注：仅选取市售少量产品进行举例，未列举产品不表示没有该类效果，排名先后与肥料效果无关。

2. 促生抗逆肥料产品示例

　　生姜是肉质根，种植初期养分吸收能力较弱，同时该时期气温较低，生产上多使用具有促生抗逆作用的水溶肥，该类产品的应用效果已经在生产实践中得到验证。本节选取市场上常见的腐植酸类、氨基酸类、有机水溶肥类及微生物菌剂等肥料产品进行示例，如表6-2所示。促生抗逆类肥料可以作生姜苗期追肥，促进植株根系发育。

表6-2　市场上常见的促生抗逆肥料产品

肥料类型	生产厂商	肥料产品照片
腐植酸类	河南心连心化肥有限公司	
	山东农大肥业科技有限公司	
氨基酸类	广东拉多美化肥有限公司	

（续）

肥料类型	生产厂商	肥料产品照片
氨基酸类	山东土秀才生物科技有限公司	
有机水溶肥类	山东佐田氏生物科技有限公司	
	山东九六三农业科技有限公司	
微生物菌剂类	山东土秀才生物科技有限公司	
	山东农大肥业科技有限公司	

注：仅选取市售少量产品进行举例，未列举产品不表示没有该类效果，排名先后与肥料效果无关。

3.绿色高效复合肥及水溶肥产品示例

选取部分市售绿色提质增效复合肥及水溶肥产品,进行举例,具体如表6-3所示。此部分肥料适合作为生姜生育期内的追肥施用。

表6-3 市场上常见的绿色高效复合肥及水溶肥产品

肥料类型	生产厂商	肥料产品照片
含腐植酸复合肥	河南心连心化肥有限公司	
高效水溶性肥料	河南心连心化肥有限公司	
	金正大国际	

注:仅选取市售少量产品进行举例,未列举产品不表示没有该类效果,排名先后与肥料效果无关。

第二节　生姜施肥方案与产品应用

一、施肥方案

根据生姜产量水平，结合种植户的施肥习惯及经济条件，按照总量控制的施肥原则，采用市面上常见的肥料产品进行优化组合，设计了两套不同价位的套餐肥，并在不同的生姜典型生产区域进行试验。

1.肥料组合

高价位套餐：平衡型复合肥（18-18-18）＋腐植酸肥料产品＋高钾配方肥（15-5-25）＋微生物菌剂。

低价位套餐：平衡型复合肥（17-17-17）＋腐植酸肥料产品＋高钾配方肥（15-5-25）。

上述肥料选取市售主流产品，实际生产中也可选取配方接近的产品代替。

2.施肥量

山东是全国生姜产量最高的地区。根据有关资料，实现生姜产量8 000千克/亩的施肥量为氮肥36.8 ~ 48.8千克/亩、磷肥15.2 ~ 20.0千克/亩、钾肥57.6 ~ 91.2千克/亩。

3.不同价位套餐肥组成及施用方法

本试验以河南心连心化肥有限公司的产品为例，不同套餐肥产品组合及施用时间、施用方法见表6-4与表6-5。

表6-4　高价位套餐（$N-P_2O_5-K_2O$=59.8-28.3-91.5）（目标产量8 000千克以上）

时期	产品	用量（千克/亩）
基肥（撒沟底）	优美秾（18-18-18＋TE）	50
	丰土先锋	80
	菌维多生物菌肥	200
	菌维多腐植酸（8-12-5）	50

（续）

时期	产品	用量（千克/亩）
第一次冲施（种植后）	谷健增	10
第二次冲施（出苗率50%）	谷健增	10
第三次冲施（苗齐）	优美秾（18-18-18 + TE）	10
第四次冲施（苗出沟）	优美秾（18-18-18 + TE）	15
第五次冲施（二芽齐）	优美秾（18-18-18 + TE）	25
点堆放土	配方肥（15-5-25）	100
小培土	配方肥（15-5-25）	150
	菌维多腐植酸（8-12-5）	50
	丰土先锋	40
第六次冲施	谷健增	10
大培土 （培土前沟施一半， 培土后撒施一半）	配方肥（15-5-25）	100
	菌维多生物菌肥	100
	配方肥（15-5-25）	80
第七次冲施	谷健增	10
第八次冲施	配方肥（15-5-25）	40
第九次冲施	配方肥（15-5-25）	25
第十次冲施	配方肥（15-5-25）	40
第十一次冲施	配方肥（15-5-25）	25

表6-5　低价位套餐（N–P_2O_5–K_2O=38.5–18.5–58.5）（目标产量6 000千克以上）

时期	产品	用量（千克/亩）
基肥（撒沟底）	珍维多（17-17-17）	50
	丰土先锋	100
	生物菌肥	320

（续）

时期	产品	用量（千克/亩）
第一次冲施（种植后）	乌金999	2
第二次冲施（出苗率50%）	乌金999	2
第三次冲施（苗齐）	珍维多（17 17-17）	10
第四次冲施（苗出沟）	珍维多（17-17-17）	15
第五次冲施（二芽齐）	珍维多（17-17-17）	25
点堆放土	配方肥（15-5-25）	80
	生物菌肥	80
小培土	配方肥（15-5-25）	100
	菌维多腐植酸	50
大培土 （培土前沟施一半， 培土后撒施一半）	配方肥（15-5-25）	100
第六次冲施	乌金999	2
第七次冲施	配方肥（15-5-25）	40
第八次冲施	配方肥（15-5-25）	20
第九次冲施	配方肥（15-5-25）	40
第十次冲施	配方肥（15-5-25）	20

二、不同价位套餐肥在昌邑生姜上的应用效果

1.对生姜植株长势的影响

为了解不同价位套餐肥对生姜不同生育时期的影响，于2021年6—8月，分别在昌邑市围子街道大章西村和大章东村开展了不同价位套餐肥的应用效果探究试验。图6-1为大章西村生姜长势情况，6月22日时高、低价位套餐肥处理的生姜株高均高于对

照，8月31日时，低价位套餐肥处理的生姜株高显著高于对照处理。高、低价位套餐肥处理前期的生姜茎粗小于对照处理，但第三次测定时则均大于对照处理，其中高价位套餐肥处理的生姜株高显著高于对照处理。前期三个处理SPAD值相差不大，但8月31日测定时，高、低价位套餐肥处理的生姜SPAD值均显著高于对照。此外，高、低价位套餐肥对生姜分枝数和叶片数影响不显著。

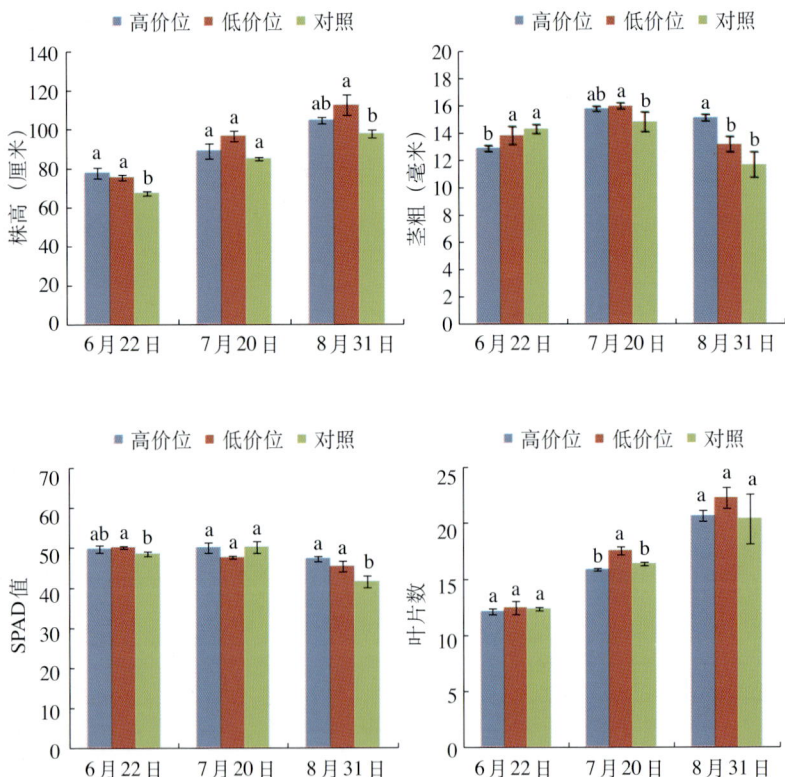

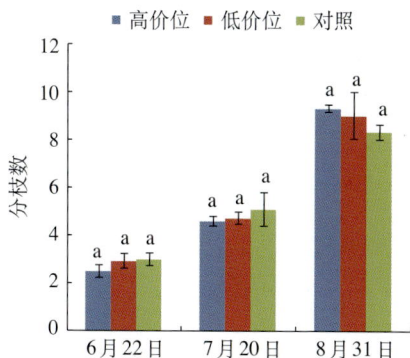

图6-1 大章西村试验地生姜长势情况

注：图中不同小写字母表示处理间在95%水平上存在显著差异。

图6-2所示为大章东村生姜长势情况，该地块高、低价位套餐肥处理的生姜株高与对照处理均无显著差异；除第三次测定时，对照处理的生姜茎粗显著高于高、低价位套餐肥处理外，前两次测定的生姜茎粗三个处理间无显著差异。该地块高、低价位套餐肥处理的SPAD值均略低于对照处理，其中第三次测定时显著低于对照处理。该地块高、低价位套餐肥处理对叶片数和分枝数具有较显著的增加作用，其中第三次测定时均显著高于对照处理。

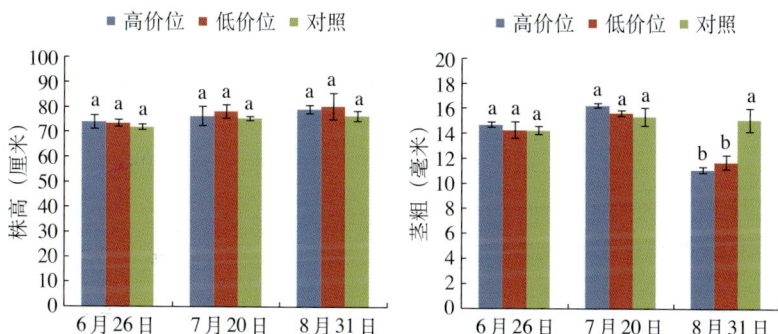

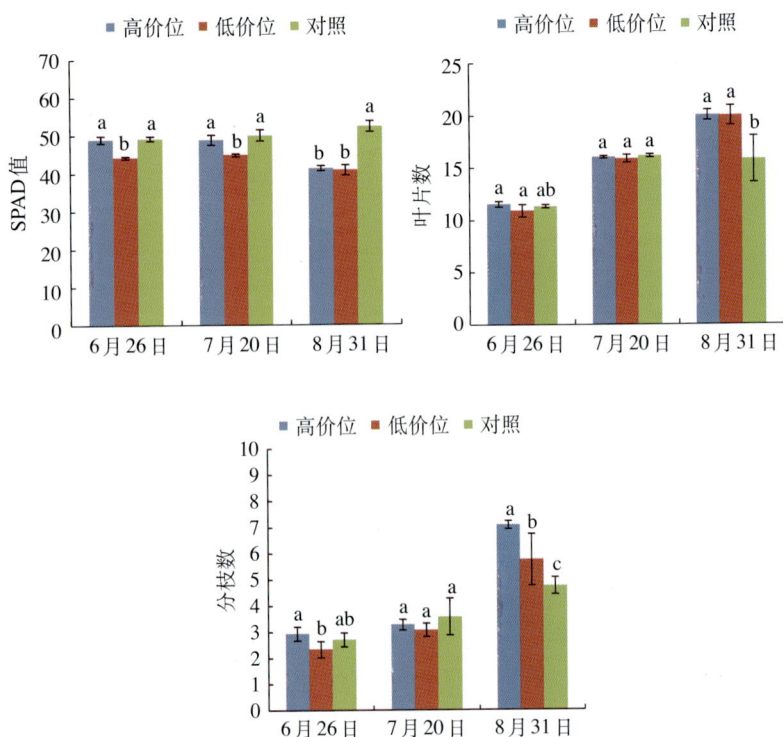

图6-2 大章东村试验地生姜长势情况

注：图中不同小写字母表示处理间在95%水平上存在显著差异。

　　仅就长势指标而言，高、低价位套餐肥在两块试验地表现出的效果并不完全相同，其中在大章西村试验地的表现优于大章东村，可能与地块的基础地力及周边环境条件有关。

　　中微量元素添加时间为小培土和大培土时，大培土后半月（8月31日）测定生姜长势（表6-6）。添加中微量元素对大章西村高价位套餐肥处理的生姜长势有一定的提高作用，其中株高显著增加8.37厘米；高、低价位套餐肥处理的生姜长势较对照处理均有明显提高，其中高价位套餐肥对生姜SPAD值和分枝数的提高效果优于低价位套餐肥。

表6-6 添加中微量元素处理后的长势情况

示范地块	处理	株高（厘米）	茎粗（毫米）	SPAD值	叶片数	分枝数
大章西村	高价位	104.33b	15.06a	47.13ab	20.63a	9.33ab
	高价位＋微	112.70a	15.33a	48.60a	20.86a	9.60a
	低价位	112.33a	13.11b	45.26bc	22.23a	9.03abc
	低价位＋微	103.26bc	12.32bc	43.63cd	20.06a	8.20c
	对照	97.46c	11.61c	41.44d	20.33a	8.33bc
大章东村	高价位	79.03cd	11.11b	41.22b	20.03c	7.06a
	高价位＋微	91.80b	11.66b	38.75c	23.60a	5.16cd
	低价位	80.33c	11.73b	40.69b	20.00c	5.73b
	低价位＋微	95.33a	11.21b	37.25d	22.30b	5.46bc
	对照	76.40d	15.08a	52.21a	15.80a	4.73d

注：同一列不同小写字母表示处理间差异显著。

2.对生姜产量的影响

图6-3所示为大章西村和大章东村试验地块的生姜产量情况（缩值系数0.8）。两个套餐肥处理的生姜产量较对照处理均有显著的增产效果，但高、低价位套餐肥＋中微量元素的处理相较于高、低价位套餐肥处理虽有一定的增产效果，但均未达显著性差异水平。大章西村试验地块中增产效果最好的为添加中微量元素的低价位套餐肥处理，亩产达10 115.61千克，较对照处理增产6.12%；大章东村试验地块中增产效果最好的为高价位套餐肥处理，亩产达9 646.07千克，较对照处理增产6.98%。虽然两个地块高、低价位套餐肥及其与中微量元素组合的增产效果表现不完全一致，但其生姜产量相比于对照处理（农民习惯）差异均达显著水平，增产率都在6%以上，效果优于对照处理，值得推广应用。

图6-4为试验地情况。

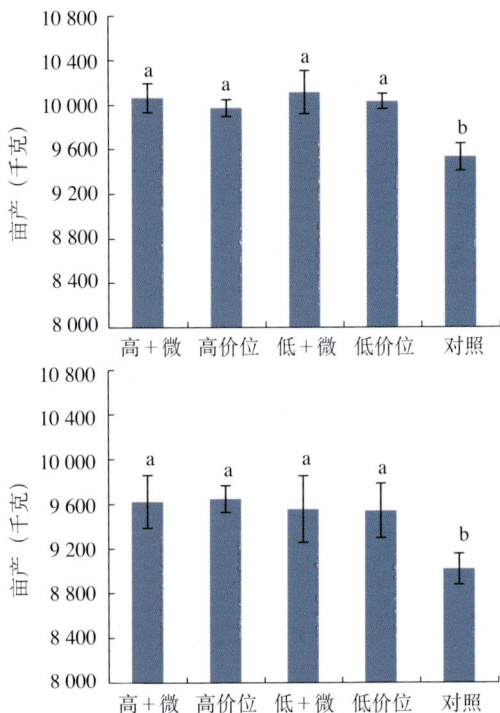

图6-3 试验地生姜产量（上：大章西村，下：大章东村）
注：图中不同小写字母表示处理间在95%水平上存在显著差异。

图6-4 试验地情况（左：大章西村，右：大章东村）

三、低价位套餐肥在莱芜生姜上的应用效果

莱芜是生姜的传统生产区域，结合区域施肥习惯，2021年3—

10月，编者基于生姜配方施肥技术和有机、无机养分合理配施技术，在济南莱芜区大王庄镇瓜屋子村开展生姜专用配方（套餐）肥田间试验。

1. 施肥方案

示范套餐肥：定植前基施鸡粪3米^3/亩，定植时沟底施用商品有机肥220千克/亩、尿素5.2千克/亩、硫酸钾6.9千克/亩；小培土和大培土分别施用复合肥（18-5-25）及微量元素肥（配方提升），并与复合肥（18-18-18）和水溶肥（12-4-42）组成全生育期生姜施肥套餐，施肥情况详见表6-7。全生育期总养分投入量折纯为（氮-磷-钾，千克/亩）26.6-13.2-41.5，有机态和无机态养分投入比例为1：1（以磷计），其中有机肥投入养分折纯量（氮-磷-钾，千克/亩）3.3-6.6-3.3。与常规模式相比，化肥减施20.35%。

市售同类套餐肥：定植前基施鸡粪3米^3/亩，定植时沟施复合肥（17-17-17）20千克/亩；全生育期灌溉11次，追肥8次，小培土和大培土时施用复合肥和商品有机肥，具体施肥措施详见表6-7。总化肥折纯量（氮-磷-钾，千克/亩）27.8-16.3-41.5。与常规模式化肥用量基本持平。

常规模式：定植前基施鸡粪3米^3/亩；全生育期灌溉11次，追肥8次，小培土和大培土时施用复合肥和商品有机肥，具体施肥措施详见表6-7。总化肥折纯量（氮-磷-钾，千克/亩）28.0-14.2-43.3。

表6-7 莱芜试验区施肥方案

施肥时间	常规模式 (28.0-14.2-43.3)		市售同类套餐肥 (27.8-16.3-41.5)		示范套餐肥 (23.3-6.6-38.2)	
	肥料类型	用量	肥料类型	用量	肥料类型	用量
整地（冬季）	鸡粪	3.0米^3/亩	鸡粪	3.0米^3/亩	鸡粪	3.0米^3/亩
播种前（沟施基肥）			复合肥（17-17-17）	20.0千克/亩	有机肥	220.0千克/亩
					养地素	20.0千克/亩
					尿素	5.2千克/亩
					硫酸钾	6.9千克/亩

（续）

施肥时间	常规模式 (28.0-14.2-43.3)		市售同类套餐肥 (27.8-16.3-41.5)		示范套餐肥 (23.3-6.6-38.2)	
	肥料类型	用量	肥料类型	用量	肥料类型	用量
定植					喷施有机水溶肥	1.0千克/亩
					定植水冲施有机水溶肥	1.0千克/亩
5月30日					冲施有机水溶肥	2.0千克/亩
6月4日					冲施有机水溶肥	2.0千克/亩
6月27日					冲施有机水溶肥	2.0千克/亩
					复合肥 (18-18-18)	5.0千克/亩
7月6日	复合肥 (17-17-17)	30.0千克/亩	复合肥 (19-19-19)	40.0千克/亩	复合肥 (18-5-25)	45.0千克/亩
7月7日					冲施有机水溶肥	2.0千克/亩
7月20日	复合肥 (17-17-17)	30.0千克/亩				
7月22日					冲施有机水溶肥	2.0千克/亩
7月27日	豆饼	50.0千克/亩	豆饼	50.0千克/亩	复合肥 (18-5-25)	50.0千克/亩
	复合肥 (18-5-27)	50.0千克/亩	复合肥 (16-5-29)	50.0千克/亩		

(续)

施肥时间	常规模式 (28.0-14.2-43.3)		市售同类套餐肥 (27.8-16.3-41.5)		示范套餐肥 (23.3-6.6-38.2)	
	肥料类型	用量	肥料类型	用量	肥料类型	用量
7月27日	微量元素	10.0千克/亩	微量元素	10.0千克/亩	微量元素	10.0千克/亩
	菌剂+有机肥	50.0千克/亩	菌剂+有机肥	50.0千克/亩		
8月1日	复合肥 (18-5-27)	30.0千克/亩	复合肥 (16-5-29)	30.0千克/亩	冲施有机水溶肥	2.0千克/亩
8月7日	硝酸钾 (13.5-0-46.0)	50.0千克/亩	复合肥 (16-5-29)	50.0千克/亩	水溶肥 (12-4-42)	4.8千克/亩
8月14日	硝酸钾 (13.5-0-46.0)	50.0千克/亩	复合肥 (16-5-29)	50千克/亩	水溶肥 (12-4-42)	4.8千克/亩
8月19日	硝酸钾 (13.5-0-46.0)	50.0千克/亩	复合肥 (16-5-29)	5.0千克/亩	水溶肥 (12-4-42)	4.8千克/亩
8月26日	硝酸钾 (13.5-0-46.0)	5.0千克/亩	复合肥 (16-5-29)	5.0千克/亩	水溶肥 (12-4-42)	4.8千克/亩
9月1日	硝酸钾 (13.5-0-46.0)	5.0千克/亩	复合肥 (16-5-29)	5.0千克/亩	水溶肥 (12-4-42)	4.8千克/亩

2. 生姜收获时长势

图6-5为收获时的生姜长势情况。示范套餐肥处理与市售同类套餐肥处理的经济系数较常规模式处理均有增加的趋势，株高较常规模式处理有降低的趋势，且市售同类套餐肥处理的株高较常规模式处理显著降低。3个处理的分枝数和茎粗无显著差异。

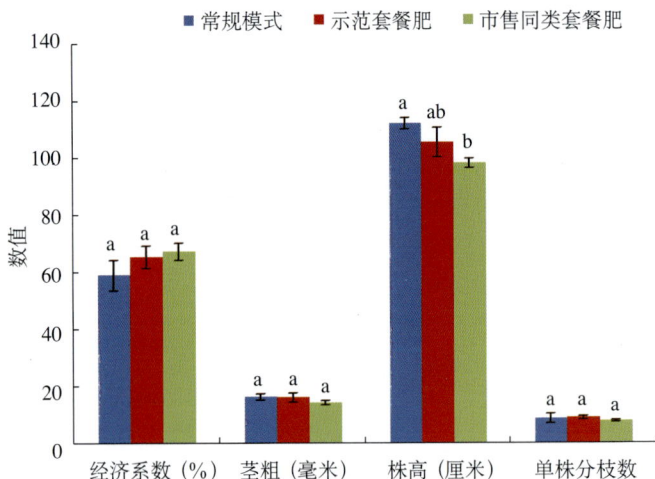

图6-5 莱芜试验区生姜收获时长势

注：图中不同小写字母表示处理间在95%水平上存在显著差异。

3. 生姜产量

2021年10月16日进行了专家测产，在3个处理的试验田各随机取3个样点，每个样点面积13.80米^2（10米×1.38米），收获、称重，亩产量按下式计算：

亩产量＝样点产量/13.8×666.7×缩值系数（0.85）

测产结果如表6-8所示。示范套餐肥处理亩产量达7 213.7千克，较常规模式处理增产15.44％，较市售同类套餐肥处理亩增产200千克以上。

表6-8 莱芜试验区生姜产量

处理	重复	小区产量（千克）	折算亩产量（千克）	比常规模式±（％）
示范套餐肥	1	147.0	7 104.2	15.44
	2	153.0	7 391.7	
	3	147.9	7 145.3	
	平均	149.3	7 213.7	

（续）

处理	重复	小区产量（千克）	折算亩产量（千克）	比常规模式±（％）
市售同类套餐肥	1	143.2	6 919.4	
	2	146.0	7 052.9	
	3	145.3	7 022.1	11.99
	平均	144.9	6 998.1	
常规模式	1	130.9	6 324.0	
	2	128.4	6 200.8	
	3	128.8	6 221.3	
	平均	129.3	6 248.7	

　　莱芜试验区示范套餐肥处理在化肥减施20％以上的条件下，实现增产15.44％的良好效果，且产量较市售同类套餐肥处理亩增产200千克以上。经计算，示范套餐肥处理的氮肥偏生产力较常规模式处理提高21.52％，节本增效的效果明显。图6-6为专家测产现场图片。

图6-6　莱芜试验区生姜测产现场

四、低价位套餐肥在安丘生姜上的应用效果

2021年4—10月，编者基于生姜配方施肥技术和有机、无机养分合理配施技术在安丘市凌河街道店子村开展生姜专用配方（套餐）肥田间试验。

1. 施肥方案

示范套餐肥：2021年4月17日定植，沟底施用有机肥220千克/亩、土壤改良剂50千克/亩、复合肥（17-17-17）25千克/亩；自5月中旬出苗后冲施复合肥及腐植酸类等肥料，小培土和大培土时施用复合肥（18-5-25）及微量元素肥（配方提升）和商品有机肥，并与硝酸钾等组成全生育期生姜施肥套餐，施肥情况详见表6-9。全生育期总养分投入折纯量（氮-磷-钾，千克/亩）46.5-21.7-61.0，有机态和无机态养分投入比例为1：1（以磷计），其中有机肥投入养分折纯量（氮-磷-钾，千克/亩）7.5-10.8-2.4。与常规模式相比，化肥减施27.18%。

市售同类套餐肥：2021年4月17日定植，沟施复合肥（17-17-17）25千克/亩、生物有机肥150千克/亩；自5月中旬出苗后至第一次小培土施用复合肥（19-19-19）共计55千克，自第二次小培土开始至生姜收获仅施用复合肥（16-5-29），共施用150千克/亩。具体施肥措施详见表6-9。总化肥折纯量（氮-磷-钾，千克/亩）37.8-22.2-58.2。与常规模式相比，化肥减施20.07%。

常规模式：2021年4月17日定植，沟施复合肥（14-6-20）10千克/亩、生物有机肥150千克/亩；自5月中旬出苗后冲施大量元素水溶肥（20-20-20）5次，每次5千克/亩。自小培土开始仅施用复合肥（14-6-20），至生姜收获时，共施用325千克/亩。施肥措施详见表6-9。总化肥折纯量（氮-磷-钾，千克/亩）51.9-25.1-72.0。

表6-9　安丘试验区施肥方案

施肥时间	常规模式 (51.9-25.1-72)		市售同类套餐肥 (38.7-22.2-58.2)		示范套餐肥 (化39-10.9-58.6) (总46.5-21.7-61.0)	
	肥料类型	用量 (千克/亩)	肥料类型	用量 (千克/亩)	肥料类型	用量 (千克/亩)
4月中旬 (开沟+ 种肥)	复合肥 (14-6-20)	10	复合肥 (17-17-17)	25	有机肥	220
					复合肥 (17-17-17)	25
	生物 有机肥	150	生物有机肥	150	生物有机肥	50
5月中旬 至6月下 旬 (冲 施)	大量元素 (20-20-20)	5	复合肥 (19-19-19)	5	腐植酸 水溶肥	1
	大量元素 (20-20-20)	5	复合肥 (19-19-19)	5	腐植酸 水溶肥	1
	大量元素 (20-20-20)	5	复合肥 (19-19-19)	5	复合肥 (17-17-17)	5
5月中旬 至6月下 旬 (冲 施)	大量元素 (20-20-20)	5	复合肥 (19-19-19)	5	复合肥 (17-17-17)	5
	大量元素 (20-20-20)	5	复合肥 (19-19-19)	5	复合肥 (18-5-25)	10
					尿素	15
6月底 (小培 土)	复合肥 (14-6-20)	50	复合肥 (19-19-19)	30	复合肥 (18-5-25)	20
					有机肥	160
7月中旬 (小培 土)	复合肥 (14-6-20)	50	复合肥 (16-5-29)	30	复合肥 (18-5-25)	20
					有机肥	160
7月下旬 (大培 土)	复合肥 (14-6-20)	75	复合肥 (16-5-29)	40	复合肥 (18-5-25)	15

（续）

施肥时间	常规模式 (51.9-25.1-72)		市售同类套餐肥 (38.7-22.2-58.2)		示范套餐肥 (化39-10.9-58.6) (总46.5-21.7-61.0)	
	肥料类型	用量 (千克/亩)	肥料类型	用量 (千克/亩)	肥料类型	用量 (千克/亩)
7月下旬 （大培土 后冲施）					硝酸钾	20
8月上旬 撒沟底	复合肥 (14-6-20)	75	复合肥 (16-5-29)	40	复合肥 (18-5-25)	15
8月 中下旬					腐植酸 水溶肥	1
					硝酸钾	20
8月下旬 至10月初 （冲施）	复合肥 (14-6-20)	25	复合肥 (16-5-29)	20	硝酸钾	20
	复合肥 (14-6-20)	25	复合肥 (16-5-29)	10	复合肥 (18-5-25)	10
	复合肥 (14-6-20)	25	复合肥 (16-5-29)	10	复合肥 (18-5-25)	10

2.生姜收获时长势

试验地收获时生姜长势情况如图6-7所示，示范套餐肥处理的经济系数、茎粗和单株分枝数均与常规模式处理和市售同类套餐肥处理无显著差异。示范套餐肥处理的平均株高较常规模式处理显著增加6.65%，达118.16厘米。

3.生姜产量

2021年10月19日，进行了现场测产。在3个处理的试验田各随机取3个样点，每个样点为10米双行，面积14.40米^2（10米×1.44米），收获、称重，亩产量按公式计算：

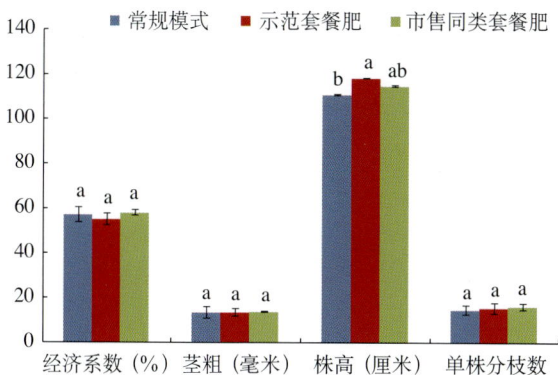

图6-7　安丘试验区生姜收获长势

注：图中不同小写字母表示处理间在95%水平上存在显著差异。

亩产量＝样点产量/14.4×666.7×缩值系数（0.85）

经现场调查测定，常规模式处理的亩产为7 578.9千克。市售同类套餐肥处理的亩产为9 244.2千克，较常规模式处理增产21.98%。示范套餐肥处理的亩产为9 464.6千克，较常规模式处理增产24.88%。详细结果见表6-10。

表6-10　安丘试验区生姜产量

处理	重复	小区产量(千克)	折算产量(千克/亩)	比常规模式 ±（%）
示范套餐肥	1	231.5	9 110.4	24.88
示范套餐肥	2	250.0	9 838.5	
	3	240.0	9 444.9	24.88
	平均	240.5	9 464.6	
市售同类套餐肥	1	231.3	9 100.6	
	2	238.0	9 366.2	21.98
	3	235.5	9 267.8	
	平均	234.9	9 244.2	

（续）

处理	重复	小区产量(千克)	折算产量 (千克/亩)	比常规模式 ± (%)
常规模式	1	193.8	7 626.8	
	2	188.8	7 428.0	
	3	195.3	7 683.8	
	平均	192.6	7 578.9	

4. 小结

安丘试验区示范套餐肥处理较常规模式处理减施化肥27.18%，显著增产24.88%，较市售同类套餐肥处理减施化肥（折纯）10.6千克，亩产量增加220.4千克，具有较好的市场竞争力和推广应用前景。

图6-8为凌河试验区情况。

图6-8　凌河试验区情况

PART 07 第七章

北方生姜绿色高效施肥 技术模式

第一节　生姜绿色增效施肥技术模式

据统计，山东省是我国生姜栽培面积最大的省份，2018年全省生姜种植面积为9.73万公顷，产量达330万吨，均占全国的1/3左右，保障了生姜的正常市场供应。其中，莱芜、潍坊的生姜亩均产量在5 000千克左右，正常年份产值在万元以上，是当地农户的主要经济来源。然而，在生姜生产中，为追求高产量和高经济效益，农民在施肥方面存在大量施用化肥的现象。通过对潍坊、安丘、昌邑和莱芜的生姜施肥情况进行跟踪调查发现：①生姜施肥量受市场价格波动影响较大，生姜价格高时，对化肥施用不计成本，盲目施肥的现象普遍存在；价格低时则基本不施化肥。② 化肥施用比例不当，与生姜养分需求量、土壤供肥水平不一致。生姜需要的氮、磷、钾比例为1.0∶0.5∶2.0，而目前氮、磷肥用量较多，钾肥不足，经过调查，发现80%以上的姜农施肥配比不当，且仅有10%左右的姜农施用微肥。

长期大量的不合理施肥，导致了土壤养分失调、中微量元素缺乏，加之连作，致使姜田生态环境恶化，土壤理化性状和土壤微生物活性均受到了不同程度的破坏，导致土壤板结、肥料利用率下降、生姜种植的经济效益降低、生姜病虫害日益加重，尤其是姜瘟病的发生，严重影响生姜的高产优质。此外，还有肥料品种选择不合理和施肥方法不当等问题，如随水追施氮肥，造成大量氮素淋失，养分利用率较低。这一系列问题的发生，在对周围环境造成影响的同时，也增加了生姜种植户的生产成本，这对于生姜产业的发展是十分不利的，因此如何实现生姜种植的绿色增效成为了亟须解决的问题。

一、有机－无机－生物结合施肥技术模式

1.技术模式组成及效果评价方案

试验姜种为当地常规生姜品种（农户常规留种）；生物有机肥为固体粉末，纯秸秆发酵生产，菌种为棕色固氮菌和巴氏梭菌，有效活菌数≥10.0亿/克，养分含量（氮＋磷＋钾）≥5%；微生物菌肥为液体，菌种为布氏乳杆菌，有效活菌数≥2.0亿/毫升；商品有机肥有机质含量（以干基计）≥50%，养分含量（氮＋磷＋钾）≥6%，有效活菌数≥2.0亿/毫升；中微量元素水溶肥养分含量（镁＋钙）≥10%，硫≥10%；生根剂为海藻酸水溶肥。

技术模式应用效果评价试验于2018年3—10月在山东省昌邑市北孟镇李家庄子村进行，试验前土壤基本养分情况如表7-1所示。试验设2个施肥处理，处理1为常规施肥（有机肥、化肥等肥料用量和方法按照农民习惯施用），处理2为优化施肥（为技术模式方案，有机肥、化肥等用量和方法按照科学方案施用），具体施肥方案见表7-2。优化施肥处理除不使用姜瘟病和姜烂脖子病防治药物外，其他管理措施与常规施肥处理一致。每个处理重复3次，小区面积7.5米×6米＝45米²（每个小区种植10行），随机排列。

表7-1 供试地点土壤基本养分

土层（厘米）	碱解氮（毫克/千克）	有效磷（毫克/千克）	速效钾（毫克/千克）	有机质（克/千克）	pH
0～20	68.98	62.07	221.00	16.9	7.58
20～40	26.32	58.31	175.00	15.3	7.68

表7-2 效果评价试验施肥方案

施肥时间	常规施肥		优化施肥	
	肥料品种	每亩施肥量	肥料品种	每亩施肥量
3月底	商品有机肥	200千克	生物有机肥	300千克
	复合肥 (15-15-15)	20千克	微生物菌肥	160毫升
			复合肥 (15-15-15)	10千克
4月初	商品有机肥	160千克	生物有机肥	160千克
4月下旬	生根剂	5千克	生根剂	5千克
5月初	生根剂	5千克	生根剂	5千克
5月中旬	复合肥 (15-15-15)	30千克	复合肥 (15-15-15)	10千克
6月初	复合肥 (15-15-15)	30千克	复合肥 (15-15-15)	50千克
6月下旬	复合肥 (15-5-25)	40千克	复合肥 (15-5-25)	80千克
	商品有机肥	160千克	生物有机肥	160千克
7月初	商品有机肥	160千克	生物有机肥	160千克
			微生物菌肥	160毫升
	复合肥 (15-5-25)	40千克	复合肥 (15-5-25)	80千克
7月中旬	复合肥 (15-5-25)	5千克		
	复合肥 (15-5-25)	5千克		
7月中下旬	复合肥 (15-7-24)	100千克	复合肥 (15-7-24)	50千克
	K_2SO_4	25千克		
	中微量元素	20千克	微生物菌肥	160毫升
8月末至9月中下旬 (共3次)	复合肥 (13-5-27)	6千克/次	复合肥 (13-5-27)	6千克/次

2.评价指标及其测量方法

（1）测定种植前 0 ～ 20厘米、20 ～ 40厘米土层土壤碱解氮、有效磷、速效钾、有机质含量及pH，方法参考《土壤农业化学常规分析》。

（2）在生姜生育期间采集植株样品4次，分别在收获时及临近收获的前3个月中上旬，实际取样时间分别为7月12日（S1）、8月13日（S2）、9月11日（S3）、10月22日（S4），分次取样测定分枝数、株高、茎粗、地上/下部生物量及氮、磷、钾养分含量，最后收获时测定产量，计算肥料偏生产力和经济效益，计算公式如下：

化肥偏生产力（PFP，千克/千克）＝施化肥区产量/化肥施用量

氮肥偏生产力（PFP_N，千克/千克）＝施氮区产量/施氮量

钾肥偏生产力（PFP_K，千克/千克）＝施钾区产量/施钾量

3.应用效果评价

（1）生姜生物学性状分析 不同采样时期生姜生物学性状如表7-3所示，在整个生姜生育期，常规施肥处理和优化施肥处理的生姜在株高和茎粗上没有显著差异；前期在分枝数上也没有显著差异，但在S3和S4时期优化施肥处理的生姜分枝数显著多于常规施肥处理。

表7-3　各采样时期生姜的生物学性状

测定指标	处理	采样时期			
		S1	S2	S3	S4
分枝数	常规施肥	2.78±0.38a	6.56±0.51a	12.44±0.51b	12.11±1.39b
	优化施肥	3.44±0.51a	7.56±0.19a	15.11±0.19a	17.89±2.01a
株高（厘米）	常规施肥	75.95±4.53a	77.02±4.06a	85.25±3.62a	108.09±2.91a
	优化施肥	71.10±9.34a	82.99±10.95a	83.83±14.28a	108.53±8.83a
茎粗（毫米）	常规施肥	11.70±1.27a	13.80±0.52a	12.69±0.32a	13.15±0.96a
	优化施肥	11.51±1.33a	13.19±1.74a	12.98±0.88a	12.70±0.38a

注：表中同一列不同小写字母表示处理间差异显著。

由表7-4分析可知，生姜整个生育期的4次采样，常规施肥处理和优化施肥处理在地上/下部鲜重及含水量上没有显著差异，数值上优化施肥处理地上/下部鲜重略高于常规施肥处理。其中，S4时期采集的生姜地上部鲜重及S2时期采集的生姜地下部鲜重，优化施肥处理显著高于常规施肥处理；S2时期采集的生姜地下部含水量，优化施肥处理显著低于常规施肥处理。

表7-4　各采样时期生姜的生物量

采样时期	处理	地上部鲜重（克/株）	地下部鲜重（克/株）	地上部含水量（%）	地下部含水量（%）
S1	常规施肥	127.06±45.81a	117.13±14.48a	91.15±1.96a	95.60±0.55a
	优化施肥	129.04±16.86a	102.28±18.58a	91.12±0.27a	95.36±0.24a
S2	常规施肥	365.56±67.36a	503.33±103.45b	92.59±0.75a	96.66±0.16a
	优化施肥	498.89±126.60a	565.00±98.66a	92.21±1.11a	95.98±0.12b
S3	常规施肥	823.33±118.65a	1 158.89±192.54a	92.10±1.38a	96.05±0.36a
	优化施肥	982.89±346.33a	1 380.89±285.16a	92.37±0.66a	96.08±0.11a
S4	常规施肥	1 061.11±115.40b	1 516.67±38.44a	92.30±1.31a	93.52±1.53a
	优化施肥	1 456.67±43.59a	1 770.00±317.96a	91.67±0.34a	93.62±0.49a

注：表中同一列不同小写字母表示处理间差异显著。

（2）生姜植株养分积累分析　常规施肥处理和优化施肥处理各采样时期生姜的整株养分积累量如图7-1所示，随着生育时期的推进，生姜的氮、磷、钾养分积累量均表现为逐渐递增，整个生育期钾养分积累量最多，氮养分积累量次之，磷养分积累量最少。方差分析显示，优化施肥处理S2时期的氮养分和磷养分积累量及S4时期钾养分积累量均显著高于常规施肥处理，其余无显著差异。

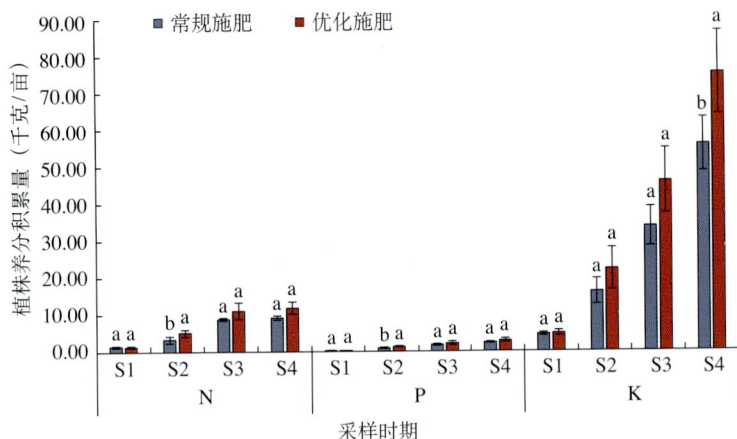

图7-1　各采样时期生姜植株养分积累量

注：图中不同小写字母表示处理间在95%水平上存在显著差异。

（3）生姜产量分析　表7-5显示，生姜收获期常规施肥处理亩产量为8 282.1千克，优化施肥处理亩产量为8 965.8千克，两个处理的生姜亩产量在0.05水平差异显著，优化施肥处理较常规施肥处理增产683.8千克/亩，增产率为8.26%。

表7-5　收获期生姜产量

处理	小区测产（千克）			测产面积	亩产量（千克）			
	1	2	3	（米²）	1	2	3	平均
常规施肥	160.5	162.5	161.5	13.0	8 230.8	8 333.3	8 282.1	8 282.1±51.3b
优化施肥	174.0	174.5	176.0	13.0	8 923.1	8 948.7	9 025.6	8 965.8±53.4a

注：表中同一列不同小写字母表示处理间差异显著。

（4）生姜肥料偏生产力分析　由表7-6可知，本试验中常规施肥处理氮、磷、钾的亩施用量分别为42.84千克、24.40千克、76.11千克，优化施肥处理氮、磷、钾的亩施用量分别为44.34千克、22.90千克、67.36千克，2个处理氮、磷、钾的总施用量分别为143.35千克/亩和134.60千克/亩。常规施肥处理化肥总偏生产力、氮肥偏生产力、磷肥偏生产力分别为57.78千克/千克、193.33

千克/千克、339.43千克/千克，优化施肥处理化肥偏生产力、氮肥偏生产力、磷肥偏生产力分别为66.61千克/千克、202.21千克/千克、391.52千克/千克，分别较常规施肥处理高15.29%、4.59%、15.35%。

表7-6　生姜肥料偏生产力

处理	氮（千克/亩）	磷（千克/亩）	钾（千克/亩）	总量（千克/亩）	产量（千克/亩）	化肥偏生产力（千克/千克）	氮肥偏生产力（千克/千克）	磷肥偏生产力（千克/千克）
常规施肥	42.84	24.40	76.11	143.35	8 282.05	57.78	193.33	339.43
优化施肥	44.34	22.90	67.36	134.60	8 965.81	66.61	202.21	391.52

（5）生姜经济效益分析　表7-7显示，优化施肥处理与常规施肥处理相比肥料成本低250.00元/亩，生姜产量增加683.76千克/亩，产值增加2 735.04元/亩，纯收益增加2 985.04元/亩。

表7-7　生姜经济效益分析

处理	产量（千克/亩）	产值（元/亩）	肥料成本（元/亩）	纯收益（元/亩）
常规施肥	8 282.05	33 128.20	3 305.50	29 822.70
优化施肥	8 965.81	35 863.24	3 055.50	32 807.74

注：生姜价格按照4.0元/千克计。

4.小结

该技术模式方案与农民习惯施肥方案相比，能显著增加生姜生育后期的分枝数，增加不同时期生姜地上/下部生物量，显著提高生姜生育前期植株氮、磷养分积累量和生育后期的钾养分积累量。与常规施肥处理相比，优化施肥（技术模式方案）处理的生姜产量增加8.26%，化肥偏生产力、氮肥偏生产力、磷肥偏生产力分别提高15.29%、4.59%、15.35%，肥料成本降低250.00元/亩，产值提高2 735.04元/亩，纯收益增加2 985.04元/亩。综上所述，该技术模式在生姜上应用效果较好，可以围绕该地区辐射推广应用。

二、生姜化肥合理施用技术模式

1.技术模式概述

生姜是山东省传统的出口创汇农产品之一，在全省各地都有种植，特别是在潍坊的安丘、昌邑等地种植较为集中。近年来，随着生姜产值和种植面积的不断增加，姜农为追求高产，盲目施用化肥，导致土壤退化、养分失衡、虫害及土传病害等问题呈现逐年加重的趋势，直接影响了生姜产业的发展，因此推进科学施肥和化肥减施增效是促进生姜产业绿色发展的重要手段。经过多年的研究和试验，总结提出了以有机肥料培肥改良土壤、新型专用配方（套餐）肥料替代传统复合肥，配合增施促生水溶肥及抗病微生物菌剂产品的生姜化肥合理施用技术模式。

该技术模式是在潍坊生姜产区经多年研究形成的一套实用型轻简化施肥技术模式，具有提高作物抗病性、减肥增效、增产提质、环境友好、易于推广的特点。目前，已累计推广近10万亩。

该技术模式可显著改善生姜种植地的土壤理化性状，在减施化肥（折纯量）30%的基础上，实现增产5.46%～17.31%，亩节本增效约3 000元，增收效果显著。

2.技术模式要点

（1）有机肥料培肥改良土壤施用技术　有机肥种类及其用量：中等肥力土壤、中等产量水平（亩产4 000千克）姜地，施用豆粕150～200千克/亩、生物有机肥100～200千克/亩、优质商品有机肥1 500～2 000千克/亩，或施用腐熟农家肥5～7米³/亩和优质商品有机肥500～800千克/亩，其他肥力条件、产量水平的产区可参照执行。具体施用方法如下：

① 整地时，施用豆粕100～150千克/亩、商品有机肥1 000～1 500千克/亩或腐熟农家肥5～7米³/亩；可视情况添加对姜瘟病、姜茎基腐病等病原菌具有拮抗作用的生物有机肥100～200千克/亩。

②在起沟后，于沟底集中施用优质商品有机肥100～150千克/亩，也可配合施用豆粕50～100千克/亩，覆土后摆放姜种。

③进行2次小培土时，每次与配方肥料配合施用商品有机肥100～150千克/亩。

（2）生姜专用配方（套餐）肥料替代传统复合肥技术 此技术采用专用配方（套餐）肥料替代传统复合肥，并根据生姜养分吸收规律进行优化减量施用。

肥料用量：根据产量水平及生姜养分吸收规律，以中等偏上肥力、高产水平（亩产10 000千克）的缅姜为例，设计肥料施用方案，其他肥力条件、产量水平的产区和品种可参照执行，具体方案如下：

①生姜定植时，沟底施用10～15千克/亩腐植酸类平衡型复合肥（如15-15-15）；出苗后第3次浇水开始至小培土前，根据墒情，追施平衡型或高氮型复合肥2～3次，每次8～10千克/亩。

②小培土时，沟施腐植酸类高钾复合肥（如15-5-25）2次，每次50～80千克/亩，与商品有机肥左右交替配合施用。2次培土之间，可视墒情冲施高氮水溶肥（如21-8-21）5～10千克/亩。

③大培土前，视墒情冲施高钾水溶肥（如13-7-30)5～10千克/亩；大培土时，沟施高钾复合肥（如15-7-24）30～50千克/亩。

④大培土后，视墒情冲施高钾水溶肥（如15-10-30)3～5次，每次5～8千克/亩。

（3）增施促生水溶肥及抗病微生物菌剂产品

①促生水溶肥。生姜出苗率达70%～80%时，开始冲施促生根类水溶肥3～5千克/亩，之后隔半月左右再冲施1～2次；在2次小培土之间及大培土前可视墒情，与水溶肥配合分别增施1次。

②抗病微生物菌剂。开沟以后，每亩底施复合微生物菌剂

（含对姜瘟病、姜茎基腐病等病原菌具有拮抗作用的胶质芽孢杆菌和枯草芽孢杆菌等生防菌，符合 GB 20287—2006 中规定）5 ~ 10 千克。

培土时，可与有机肥配合施用 2 ~ 3 次，每次 5 ~ 10 千克/亩。

3.适宜区域

山东生姜主产区。

4.注意事项

（1）生产中应注意放风遮阴，及时灌溉排涝；可根据叶色及长势情况判断是否缺素，及时补充中微量元素。

（2）该技术模式中的化肥追施方式为沟灌，若采用水肥一体化设施进行施肥则可根据产量水平及土壤肥力状况，适量减施 30% ~ 50%。

（3）生姜根系相对较弱，进入发棵期后，对养分的吸收速率均明显加快，故建议生育期内注重施用具有促生功能的肥料产品，以保证根系健壮。

（4）生产中施用菌剂时，应避免施用杀菌剂类产品，以免影响菌剂效果。

第二节　设施生姜高产条件下的施肥技术模式

正常年份，具备水肥一体化设施设备的设施生姜栽培，一般产量水平在 8 000 千克/亩以上。近几年，编者开展了设施生姜施肥关键技术研究，形成了产量在 10 000 千克/亩以上的施肥技术模式。

一、技术模式组成

采用商品有机肥、有机水溶肥和套餐肥等多种产品组合，根据生姜生长发育情况及气候条件进行肥料统筹管理，具体用量、肥料种类及使用方案如下：技术模式中肥料用量为有机肥 1 000 千克/亩、有机水溶肥34升/亩，套餐肥提供的化肥养分含量（氮-磷-钾，单位：千克）分别为26.36-15.10-43.27，具体肥料品种、施肥时期见表7-8。

表7-8　施肥方案

时期	肥料品种	每亩施肥量	施肥方法
整地管理期	商品有机肥	800千克	撒施深翻地
3月底（定植期）	商品有机肥	200千克	沟底施用
	中微量元素肥料	20千克	沟底施用
	水溶肥（21-8-21）	4千克	沟底施用
	水溶肥（20-20-10）	4千克	沟底施用
	有机水溶肥	2升	随定植水施用
幼苗管理期 4月上中旬（第一水）	有机水溶肥	2升	水肥一体化
	水溶肥（21-8-21）	4千克	水肥一体化
	水溶肥（20-20-10）	4千克	水肥一体化
幼苗管理期 4月下旬（第二水）	有机水溶肥	2升	水肥一体化
	水溶肥（21-8-21）	4千克	水肥一体化
	水溶肥（20-20-10）	4千克	水肥一体化
幼苗管理期 5月上旬（第三水）	有机水溶肥	2升	水肥一体化
	水溶肥（21-8-21）	4千克	水肥一体化
	水溶肥（20-20-10）	4千克	水肥一体化
幼苗管理期 5月中旬（第四水）	有机水溶肥	2升	水肥一体化
	水溶肥（21-8-21）	6千克	水肥一体化
	水溶肥（20-20-10）	6千克	水肥一体化
幼苗管理期 5月下旬（第五水）	有机水溶肥	2升	水肥一体化
	水溶肥（21-8-21）	8千克	水肥一体化

（续）

时期	肥料品种	每亩施肥量	施肥方法
培土期管理 6月上旬（第六水） 第一次小培土	有机水溶肥	2升	水肥一体化
	水溶肥（21-8-21）	4千克	水肥一体化
	水溶肥（13-7-30）	4千克	水肥一体化
培土期管理 6月中旬（第七水） 第二次小培土	有机水溶肥	2升	水肥一体化
	水溶肥（13-7-30）	8千克	水肥一体化
培土期管理 6月下旬（第八水）	有机水溶肥	3升	水肥一体化
	水溶肥（13-7-30）	8千克	水肥一体化
膨大期管理 7月上旬（第九水） 大培土	有机水溶肥	3升	水肥一体化
	水溶肥（13-7-30）	4千克	水肥一体化
膨大期管理 7月下旬（第十水）	有机水溶肥	2升	水肥一体化
	水溶肥（13-7-30）	12千克	水肥一体化
膨大期管理 8月上旬（第十一水）	有机水溶肥	3升	水肥一体化
膨大期管理 9月上旬（第十二水）	有机水溶肥	4升	水肥一体化
	水溶肥（13-7-30）	14千克	水肥一体化
膨大期管理 9月中旬（第十三水）	水溶肥（13-7-30）	12千克	水肥一体化
膨大期管理 9月下旬（第十四水）	水溶肥（13-7-30）	12千克	水肥一体化
膨大期管理 10月上旬（第十五水）	有机水溶肥	3升	水肥一体化
	水溶肥（13-7-30）	20千克	水肥一体化
膨大期管理 10月中旬（第十六水）	水溶肥（13-7-30）	20千克	水肥一体化

试验生姜品种为缅姜，种植行距69厘米、株距16.67厘米，栽培密度5 797株/亩，于3月14日定植、10月24日收获。

二、应用效果评价

收获时，经专家测产，结果如表7-9所示，亩产达到10 830.4千克，比周围农民常规施肥 [亩用肥量（氮-磷-钾，单位：千克）：57.6–25.1–88.2，亩产量8 500千克] 减少化肥用量50.4%，增产25%以上。

表7-9　测产结果

取样点	地头鲜姜重（千克）	水洗鲜姜重（千克）	平均单株产量（千克）	水洗鲜姜亩产量（千克/亩）
1	157.40	136.15	2.42	11 182.00
2	161.80	141.26	2.51	11 601.20
3	140.80	121.79	2.17	10 002.75
4	148.30	128.28	2.28	10 535.55
平均值	152.08	131.87	2.34	10 830.40

注：取样面积6.9米^2，缩值系数0.85。

该技术模式中的有机肥指商品有机肥，符合有机肥行业标准NY/T 525—2021，有机水溶肥指含腐植酸类、壳聚糖类、甲壳素类及海藻酸类等天然生物刺激素的肥料产品。

图7-2为专家测产现场图片。

图7-2　专家测产现场

参考文献

艾希珍，崔志峰，曲静然，等，1998. 施肥水平对生姜品质的影响[J]. 山东农业大学学报，29(2): 183-188.

艾希珍，曲静然，崔志峰，等，1997. 施肥水平对生姜生长及产量的影响[J]. 中国蔬菜(1): 18-21.

付丽军，王向东，王永存，等，2018. 冀东地区拱棚生姜高产栽培技术[J]. 长江蔬菜(1): 33-35.

甘宏信，胡玉梅，2017. 浙江省衢江区无公害生姜标准化栽培技术[J]. 长江蔬菜(19): 22-24.

高一凤，2016. 莱州市生姜产业发展情况调研报告[J]. 中国农业信息(8): 48-49.

郭孝萱，张芸丹，邱静，2020. 生姜营养品质评价指标体系构建[J]. 中国调味品，45(10): 192-196.

侯慧，董坤，杨智仙，等，2016. 连作障碍发生机理研究进展[J]. 土壤，48(6): 1068-1076.

旷碧峰，闵岳灵，刘志华，等，2021. 地理标志产品：常宁无渣生姜[J]. 上海蔬菜(6): 14-15.

李汉燕，王日新，李海涛，等，2012. 大姜施用生物有机肥与复合肥肥效对比试验[J]. 山东农业科学，44(9): 78-79.

李克鹏，2017. 昌邑生姜营销策略研究[D]. 延吉：延边大学.

李录久，2009. 施用氮磷钾对生姜产量和品质的影响[D]. 北京：中国农业科学院.

李录久，刘荣乐，陈防，等，2010. 不同氮水平对生姜产量和品质及氮素吸收的

影响 [J]. 植物营养与肥料学报, 16(2): 382-388.

李录久, 王家嘉, 姚殿立, 等, 2014. 不同钾肥用量对生姜生长和营养品质的影响土壤 [J]. 土壤, 46(2): 245-249.

刘海芝, 姜振升, 侯文通, 等, 2015. 不同形态硅钙钾肥对生姜生长、产量及品质的影响 [J]. 山东农业科学, 47(10): 67-69.

刘延生, 郭跃升, 邢晓飞, 2019. 山东省土壤养分分级统计汇编 [M]. 天津: 天津科学技术出版社.

刘益仁, 徐阳春, 李想, 等, 2009. 有机肥部分替代化肥对土壤微生物生物量及矿质态氮含量的影响 [J]. 江西农业学报, 21(11): 70-73.

邵海南, 刘雲祥, 咸文荣, 2021. 施肥水平对生姜产量和品质的影响 [J]. 青海大学学报, 39(5): 51-56.

田红梅, 严从生, 贾利, 2016. 我国生姜地方资源品质比较研究 [J]. 安徽农学通报, 22(24): 58-59.

王顺明, 游宝杰, 高中强, 等, 2015. 山东安丘设施生姜高产栽培技术 [J]. 中国蔬菜 (10): 85- 88.

王显凤, 2017. 重庆市永川区生姜产业发展现状及对策 [J]. 南方农业, 11(34): 89-91.

王芳, 张金水, 高鹏程, 等, 2011. 不同有机物料培肥对渭北旱塬土壤微生物学特性及土壤肥力的影响 [J]. 植物营养与肥料学报, 17(3): 702-709.

王俊玲, 2018. 安丘市生姜产业发展现状及对策研究 [D]. 长春: 吉林农业大学.

王馨笙, 2010. 生姜对氮磷钾吸收分配规律及高效施肥技术研究 [D]. 泰安: 山东农业大学.

吴嘉斓, 王笑园, 王坤立, 2019. 生姜营养价值及药理作用研究进展 [J]. 食品工业, 40(2): 237-240.

吴萍萍, 王家嘉, 李录久, 2015. 氮、硫配施对生姜产量和品质的影响 [J]. 中国土壤与肥料 (1): 24-28.

邢晓飞, 2010. 山东省耕地养分状况与区域配方施肥研究 [D]. 泰安: 山东农业大学.

徐坤, 郑国生, 王秀峰, 2001. 施氮量对生姜群体光合特性及产量和品质的影响 [J]. 植物营养与肥料学报, 7(2): 189-193.

姚镇, 2014. 武陵山区生姜产业发展经济效果的评价: 以恩施州来凤县生姜产业为例 [J]. 湖北农科学, 53(16): 3960-3963.

杨先芬, 2001. 瓜菜施肥技术手册 [M]. 北京: 中国农业出版社.

杨瑶华, 张付群, 2021. 昌邑大姜特色产业健康发展经验 [J]. 蔬菜 (9): 66-67.

张国芹, 2008. 硅对生姜生长及生理特性的影响 [D]. 泰安: 山东农业大学.

张鑫, 卜东欣, 张超, 等, 2013. 四种熏蒸剂对辣椒疫霉和南方根结线虫的毒力 [J]. 植物保护学报, 40(5): 464-468.

张一鸣, 杨丽娟, 郭小踏, 2013. 钙素及稻秆物料对重茬番茄连作土壤的修复效应初报 [J]. 沈阳农业大学学报, 44(5): 594-598.

赵文竹, 张瑞雪, 于志鹏, 2016. 生姜的化学成分及生物活性研究进展 [J]. 食品工业科技 (11): 383-389.

郑福丽, 江丽华, 谭德水, 等, 2011. 生姜的营养特性和优化施肥技术研究 [J]. 北方园艺 (16): 13-16.

中国土壤学会农业化学专业委员会, 1982. 土壤农业化学常规分析方法 [M]. 北京: 科学出版社.

Majumdar B, Venkatesh M S, Kumar K, et al., 2005. Effect of potassium and farmyard manure on yield, nutrient uptake and quality of ginger (*Zingiber officinale*) in a Typic Hapludalf of Meghalaya[J]. Indian J. of Agri. Sci., 75(12): 809-811.

Sanwal S, Yadav R, Singh P, 2007. Effect of types of organic manure on growth, yield and quality parameters of ginger (*Zingiber officinale*)[J]. Indian J. of Agri. Sci., 77(2): 67-72.

图书在版编目（CIP）数据

北方生姜绿色高效施肥技术 / 江丽华, 杨岩, 李乐正主编. -- 北京：中国农业出版社, 2025.1. -- (中国主要作物绿色高效施肥技术丛书). -- ISBN 978-7-109-33069-6

Ⅰ.S632.506

中国国家版本馆CIP数据核字第20251YB976号

中国农业出版社出版

地址：北京市朝阳区麦子店街18号楼

邮编：100125

责任编辑：魏兆猛　文字编辑：廖青桂

版式设计：王　晨　责任校对：吴丽婷　责任印制：王　宏

印刷：中农印务有限公司

版次：2025年1月第1版

印次：2025年1月北京第1次印刷

发行：新华书店北京发行所

开本：880mm×1230mm　1/32

印张：4.75

字数：132千字

定价：45.00元